花岗岩加工机理及加工效能研究

齐凤莲 ◎ 著

中国纺织出版社有限公司

内容提要

花岗岩具有高强度、高硬度、高脆性等特征，属于难加工材料，主要通过金刚石刀具对花岗岩切削来实现加工。本书从压痕断裂理论入手，介绍了单颗粒和颗粒顺次切削的数值仿真方法，通过试验研究方法总结出影响加工效能的关键因素，并给出了模型预测方法。内容主要包括花岗岩铣削加工机理及压痕断裂仿真，单颗粒切削及顺次切削数值仿真，压、划痕试验研究，花岗岩加工切削力理论分析，花岗岩加工切削力试验，基于神经网络花岗岩加工切削力预测等。

本书可供石材、机械加工、材料等领域的工程技术人员阅读参考。

图书在版编目（CIP）数据

花岗岩加工机理及加工效能研究／齐凤莲著.--北京：中国纺织出版社有限公司，2023.10
ISBN 978-7-5229-0772-7

Ⅰ.①花… Ⅱ.①齐… Ⅲ.①花岗岩—加工—研究 Ⅳ.①P588.12

中国国家版本馆 CIP 数据核字（2023）第 137303 号

责任编辑：孔会云　朱利锋　　责任校对：高　涵
责任印制：王艳丽

中国纺织出版社有限公司出版发行
地址：北京市朝阳区百子湾东里 A407 号楼　邮政编码：100124
销售电话：010—67004422　传真：010—87155801
http://www.c-textilep.com
中国纺织出版社天猫旗舰店
官方微博 http://weibo.com/2119887771
天津千鹤文化传播有限公司印刷　各地新华书店经销
2023 年 10 月第 1 版第 1 次印刷
开本：710×1000　1/16　印张：8.5
字数：150 千字　定价：88.00 元

凡购本书，如有缺页、倒页、脱页，由本社图书营销中心调换

前 言

随着建筑装潢业的快速发展，花岗岩、大理石等天然石材以其坚硬耐磨、色彩丰富及光亮如镜等独特之处备受人们喜爱，石材装饰品的国内产量和消耗量已多年居世界前列。由于花岗岩具有高强度、高硬度、高脆性、耐磨性好等特征而被划归为难加工材料。目前，花岗岩加工机械设备技术已比较成熟，但刀具的使用效能成为困扰花岗岩铣削加工的难题，其加工工艺参数一直使用经验的工艺参数，不适当的加工工艺参数经常导致刀具磨损，甚至断裂，缩短了刀具的使用寿命。而铣削力是影响刀具使用效能的关键因素，同时刀具的磨损也对加工效能有较大的影响。目前，在花岗岩加工领域针对金刚石锯片的参考资料相对较多，为实际加工提供了参考和依据，而对花岗岩铣削加工刀具的研究较少。本书将侧重对花岗岩的加工机理及加工效能进行论述，旨在为相关领域工作人员提供参考。

本书内容共分为7章，理论分析与仿真分析和试验相结合。第1章对本书的研究课题进行概述，第2章从花岗岩铣削加工机理入手进行花岗岩压痕断裂的仿真分析，第3章主要利用LS-DYNA进行单颗粒切削及顺次切削数值仿真，第4章开展花岗岩的压、划痕试验研究，第5章对花岗岩加工切削力进行理论分析，第6章进行花岗岩加工切削力试验，第7章对花岗岩进行基于神经网络的切削力预测。其中第1章、第2章、第5章~第7章由齐凤莲编写，第3章由易兴洋编写，第4章由贾乾忠编写。

限于作者水平和经验，本书难免有疏漏与不妥之处，恳请同行专家和使用本书的广大读者批评指正。

齐凤莲

2023 年 5 月

目　录

第1章　绪论 ... 1
1.1　花岗岩概述 ... 1
1.1.1　花岗岩物理特性 ... 1
1.1.2　花岗岩主要成分 ... 1
1.1.3　花岗岩分类 ... 2
1.2　花岗岩加工概述 ... 3
1.2.1　板材加工设备 ... 4
1.2.2　花岗岩铣削工具 ... 7
1.3　花岗岩铣削效能评价 ... 9
1.3.1　切削力 ... 9
1.3.2　花岗岩破碎率 ... 9
1.3.3　刀具磨损 ... 10

第2章　花岗岩铣削加工机理及压痕断裂仿真 ... 11
2.1　花岗岩铣削加工过程 ... 11
2.2　压痕断裂机理 ... 12
2.2.1　岩石性质及强度准则 ... 12
2.2.2　接触应力场 ... 17
2.2.3　裂纹形成过程 ... 20
2.3　断裂破碎力学模型 ... 21
2.3.1　拉伸断裂破碎力学模型 ... 21
2.3.2　剪切断裂破碎力学模型 ... 24
2.3.3　改进力学模型 ... 26
2.4　压痕仿真分析 ... 27
2.4.1　试件模型 ... 27
2.4.2　网格划分 ... 28
2.4.3　加载设置 ... 29
2.4.4　结果分析 ... 29

第3章 单颗粒切削及顺次切削数值仿真 ………………………………… 33
  3.1 概述 ………………………………………………………………… 33
  3.2 LS-DYNA 分析流程 ………………………………………………… 33
  3.3 有限元模型建立 ……………………………………………………… 34
    3.3.1 金刚石颗粒材料模型 …………………………………………… 34
    3.3.2 花岗岩材料模型 ………………………………………………… 35
    3.3.3 有限元几何模型 ………………………………………………… 38
    3.3.4 加载设置 ………………………………………………………… 38
  3.4 单颗粒切削数值仿真结果分析 ……………………………………… 39
    3.4.1 单颗粒切削花岗岩时的动态特性分析 ………………………… 39
    3.4.2 切削过程中切削力的变化情况 ………………………………… 42
    3.4.3 颗粒切入形式对切削性能的影响 ……………………………… 42
    3.4.4 颗粒切入角度对切削性能的影响 ……………………………… 44
    3.4.5 切削深度对切削性能的影响 …………………………………… 47
    3.4.6 切削速度对切削性能的影响 …………………………………… 49
  3.5 颗粒顺次切削数值仿真结果分析 …………………………………… 53
    3.5.1 颗粒顺次切削时的动态特性分析 ……………………………… 53
    3.5.2 颗粒顺次切削时切削深度对切削性能的影响 ………………… 56
    3.5.3 颗粒顺次切削时切削速度对切削性能的影响 ………………… 58

第4章 压、划痕试验研究 …………………………………………………… 59
  4.1 概述 ………………………………………………………………… 59
  4.2 压痕试验 …………………………………………………………… 59
    4.2.1 试验设备 ………………………………………………………… 59
    4.2.2 花岗岩试件 ……………………………………………………… 60
    4.2.3 试验原理及方案设计 …………………………………………… 61
    4.2.4 试验结果分析 …………………………………………………… 62
  4.3 划痕试验 …………………………………………………………… 63
    4.3.1 试验设备 ………………………………………………………… 63
    4.3.2 试验原理及方案设计 …………………………………………… 65
    4.3.3 试验结果分析 …………………………………………………… 65

第5章 花岗岩加工切削力理论分析 ……………………………………… 71
  5.1 花岗岩加工模型 ……………………………………………………… 71
  5.2 花岗岩加工几何学分析 ……………………………………………… 73

	5.2.1	接触弧长 ·······	73
	5.2.2	平均切削厚度 ···································	75
	5.2.3	当量切削厚度 ···································	76
5.3	单颗粒金刚石切削花岗岩受力分析 ···································	76
	5.3.1	刀具有效金刚石磨粒数 ···································	76
	5.3.2	单颗粒金刚石的受力 ···································	78
5.4	花岗岩加工刀具受力分析 ···································	79
	5.4.1	切削力理论分析 ···································	79
	5.4.2	典型加工刀具受力分析 ···································	81

第6章 花岗岩加工切削力试验 ··········· 83

6.1	试验工况配置 ···································	83
6.2	切削力正交试验 ···································	84
	6.2.1	方案设计 ···································	84
	6.2.2	极差分析 ···································	85
	6.2.3	方差分析 ···································	88

第7章 基于神经网络花岗岩加工切削力预测 ··········· 92

7.1	人工神经网络模型概述 ···································	92
	7.1.1	人工神经元模型 ···································	92
	7.1.2	人工神经网络结构 ···································	95
	7.1.3	人工神经网络训练 ···································	97
7.2	基于BP神经网络的花岗岩加工切削力预测 ···································	99
	7.2.1	BP网络拓扑结构与训练算法 ···································	100
	7.2.2	切削力预测的BP网络结构设计 ···································	104
	7.2.3	BP神经网络模型的MATLAB程序设计 ···································	110
	7.2.4	BP神经网络对金刚石刀具切削力预测的性能测试 ·························	111
7.3	基于RBF神经网络的花岗岩加工切削力预测 ···································	114
	7.3.1	RBF神经网络的学习方法 ···································	114
	7.3.2	RBF神经网络模型的MATLAB程序设计 ···································	116
	7.3.3	RBF神经网络对金刚石刀具切削力预测的性能测试 ·······················	117
7.4	两种模型对切削力预测的对比分析 ···································	119

参考文献 ··········· 123

第1章 绪论

1.1 花岗岩概述

花岗岩（granite），大陆地壳的主要组成部分，是一种岩浆在地表以下凝结形成的火成岩，属于深层侵入岩。火成岩是由含有硅酸盐熔融物的岩浆或熔岩冷却固化结晶形成的物质。当熔化的岩浆冷凝固结时，矿物即形成于火成岩，如橄榄石、辉石。其密度最大的铁镁硅酸盐矿物，在岩浆温度最高时形成；密度较小的矿物，如长石和石英，则在冷却的后期形成。形成于熔岩中的矿物，通常可以毫无拘束地生长，并有发育完好的晶形，主要以石英或长石等矿物质形式存在。花岗岩的语源是拉丁文的 granum，意思是谷粒或颗粒。因为花岗岩是深成岩，常能形成发育良好、肉眼可辨的矿物颗粒，因而得名。

由于花岗岩硬度仅次于钻石位居第二，经久耐用，是生产墙砖和地铺砖的理想材料。因为花岗岩比陶瓷器或其他人造材料稀有，所以铺置花岗岩地板会大幅提升建筑工程的整体价值。花岗岩品种丰富，颜色多样，可为客户提供广泛的选择范围。花岗岩台面容易维护，抗污能力较强。总体而言，花岗岩地铺砖、墙砖可为用户提供一个极其耐用和易于维护的表面。此外，不同于人造材料，天然花岗岩台面拥有独特的耐温性，故为各类板材加工的首选。

1.1.1 花岗岩物理特性

密度：2790~3070kg/m³

抗压强度：1000~3000kg/cm²

弹性模量：（1.3~1.5）×10⁶kg/cm³

吸水率：0.13%

肖氏硬度：>HS 70

相对密度：2.6~2.75

1.1.2 花岗岩主要成分

花岗岩为粒状结晶质岩石，主要的成分矿石为碱性长石及石英。通常长石含量多于石英，两者呈互嵌组织形状，有如下三类：不同成分碱性长石单独产出；不同的碱性长石以同形类质成固熔体或双晶状交生；与钙长石成固熔体造成聚片双晶交生，但其中 80%~85% 为钠长石。

根据世界各地 2485 份花岗岩中不同化学成分比例平均，依所占重量百分比由多到少为：SiO_2（72.04%），Al_2O_3（14.42%），K_2O（4.12%），Na_2O（3.69%），CaO（1.82%），FeO（1.68%），Fe_2O_3（1.22%），MgO（0.71%），TiO_2（0.30%），P_2O_5（0.12%），MnO（0.05%）。不同品种的矿物成分不尽相同，还可能含有辉石和角闪石。

1.1.3 花岗岩分类

（1）根据矿物质成分划分。

a. 角闪石花岗岩。角闪石花岗岩是最暗的花岗岩品种，适用于各种天气，所以它适用于任何用途。

b. 黑云母花岗岩。黑云母花岗岩存在多种颜色，是最广泛使用于建筑的花岗岩之一。它是所有花岗岩中最坚硬的，无论室内还是室外都很适用。

c. 滑石花岗岩。滑石花岗岩是最鲜为人知的花岗岩形式之一，因为它不能很好地抵抗自然力量（风、雨），所以不太适合作为地板、台面和在室外使用，只用于装饰用途。

d. 电气石花岗岩。电气花岗岩颜色多样，无色和白色是极其罕见的。这种花岗岩不适合用在有人经过的地方，因为它是所有类型中最软的。

（2）按所含矿物种类划分。花岗岩可分为黑色花岗岩、白云母花岗岩、角闪花岗岩、二云母花岗岩等。

（3）按结构构造划分。花岗岩可分为细粒花岗岩、中粒花岗岩、粗粒花岗岩、斑状花岗岩、似斑状花岗岩、晶洞花岗岩、片麻状花岗岩、黑金砂花岗岩等。

（4）按所含副矿物划分。花岗岩可分为含锡石花岗岩、含铌铁矿花岗岩、含铍花岗岩、锂云母花岗岩、电气石花岗岩等。

（5）按花色划分。花岗岩可分为红、黑、绿、花、白、黄等六大系列。

a. 红系列有四川的四川红、中国红；广西的岑溪红、三堡红；山西灵丘的贵妃红、橘红；山东的乳山红、将军红，福建的鹤塘红、罗源红、虾红等。

b. 黑系列有内蒙古的黑金刚、赤峰黑、鱼鳞黑；山东的济南青；福建的芝麻黑；福建的福鼎黑等。

c. 绿系列有山东泰安绿；江西的豆绿、浅绿、菊花绿；河南的浙川绿等。

d. 花系列有河南偃师的菊花青、雪花青、云里梅；山东海阳的白底黑花；安徽宿州的青底绿花等。

e. 白系列有福建的芝麻白；湖北的白麻；山东的白麻等。

f. 黄系列有福建锈石；新疆的卡拉麦里金；江西的菊花黄；湖北珍珠黄麻等。

1.2 花岗岩加工概述

花岗岩加工本身具有多样性和复杂性，因此，对其加工的分类也没有统一的标准。从花岗岩产品的本身发展来看，其传统加工主要是板材加工。但随着近年来装饰技术水平的不断提高，所用的石材品种、规格、形状越来越多，其加工的形状也越来越复杂，从平面加工发展到立体加工。从花岗岩的加工形状来看，主要是分成两大类，一是板材加工，二是立体加工。目前，把除标准平面板材加工以外的加工都确定为异型加工。从异型加工角度来看，其加工范围又非常广泛。如石线加工，从加工范围和工艺来说，都属于板材加工的范围，因此，准确地对花岗岩加工进行分类具有一定的局限性。从工艺上对花岗岩进行分类比较接近于实际生产，同时对设备的使用具有目的性，因此按加工工艺来分类比较合适。

此外，石材按去切屑的方式可分为机械加工和特殊加工，而机械加工又分为一般加工和数控加工，特殊加工又分为高压磨料水加工、火燃加工、喷砂加工和激光加工。本文主要针对花岗岩的板材加工进行相关研究，因此只对花岗岩板材加工的主要方法加以介绍。花岗岩板材加工分类如图 1.1 所示。

花岗岩石材的加工方法种类之多，也促成石材加工设备的发展。目前大部分花岗岩加工方法已逐步成熟，有着较完备的加工体系和工艺参数。由于近年来石材市场对花岗岩高级加工需求的增加，使石材雕刻行业逐渐兴起，这就对花岗岩切削加工产业提出了更高的要求。而目前国内外对于花岗岩切削加工机理的研究较少，加工中的工艺参数仍然沿用经验数值，加工效率一直难

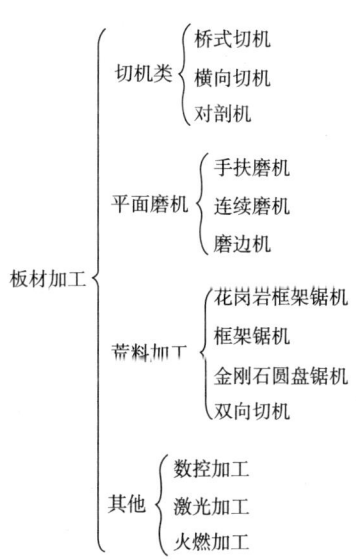

图 1.1 花岗岩板材加工分类

以提高，材料损耗较大。

1.2.1 板材加工设备

1.2.1.1 框架锯机

框架锯机是加工花岗岩和大理石大板的主要设备。按加工对象可分为花岗岩锯机和大理石锯机两大类。大理石锯机按加工方式又可以分成水平式和垂直式。而水平式又可以根据料车的运动方式分成固定式和顶升式。

目前花岗岩大板锯切加工的主要设备仍是以钢砂为磨料，以一组钢锯条作为锯切刀具的框架锯机。为了适应大批量生产和自动化控制的需要，国外砂锯的结构和控制系统已日臻完善，并逐步朝着高效率、大型化、自动化方向发展。目前砂锯的最大加工宽度可达 5.3m，可以安装 150～180 根锯条，安放荒料的最大总体积可达 40m³。框架锯机如图 1.2 所示。

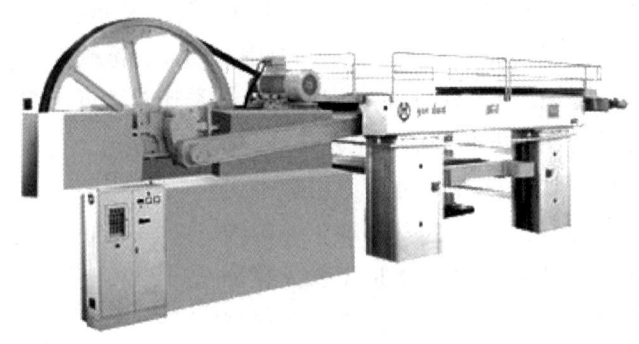

图 1.2 框架锯机

框架锯机是大批量生产石材大板的主要锯切加工设备。摆式框架锯机利用钢带与荒料之间的磨料对花岗岩进行切割。花岗岩框架砂锯切割机钢带做前后往复锯割运动，同时又向下做进给运动，对钢带施加垂直向下力和水平切割力，使磨料对石材产生切割。锯条运动由主电动机带动飞轮旋转，飞轮同轴装有一个偏心轮起曲柄作用，该偏心轮带动连杆运动，连杆带动锯框前后往复运动，实现锯条的水平锯割。锯条的上下运动由电动机带动减速器，减速器的输出轴连接垂直丝杠，垂直丝杠与锯条框架螺纹连接，使锯条对钢砂施加一个正压力。钢砂与石灰按一定比例在料浆池中进行搅拌，然后将砂浆抽到撒料车上，撒料车从锯机上部对荒料进行撒料。

1.2.1.2 桥式切机

全自动桥式切机是在手摇式切机和液压切机的基础上发展起来的，主要用于切割花岗岩和大理石板材。该机适合各种板材切割，锯片随横梁左右移动、变频、变速、自动进刀、快速退刀切割，工作台可以回转、翻转，便于板材的装卸，切割精度高，油浸导轨，磨损少，价格实惠，是目前较理想的桥式切机。

全自动桥式切机主要结构是由铸铁制造，保证加工时最大的稳定性。可动桥沿纵向导轨进行运动，工作头沿桥上导轨进行升降，导轨采用铬合金制造，并且采用保护罩，导轨浸泡在润滑油中。工作台可以在0~360°任意位置固定。切割速度可以通过电动机进行调节，主轴装有脉冲电动机，锯片安装在主轴上。锯片可以倾斜，进行斜面加工。电力控制柜装在桥的右侧，在电力控制柜中有主控制键盘，还有悬挂式控制键盘。在悬挂式控制键盘上，可以输入主要操作指令。由于悬挂式控制键盘的支撑臂可以移动，它可以移动到工作台中心位置，操作方便。开关、热保护器、门锁开关和电力运动控制装置都安装在控制柜的表盘上面。电缆和冷却水管从机器的电动机连接到控制柜再到工作锯片处都安置在软导套中，运动起来更加安全方便。

桥式切机的所有运动速度都可以通过变频器进行控制，可以快速和高精度地达到要求位置。由于装有悬挂式控制键盘，因此操作容易。其程序控制操作也很简单。有的桥式切机在控制键盘上设有显示器。悬挂控制键盘上设有桥的左、右、上、下运动控制键，还有切割速度前进、后退的调节键。在悬挂控制键盘上也安装了可编程序的显示器。通过选择安置在控制柜上桥的前后运动控制键，来编制板材加工工艺。桥式切机如图1.3所示。

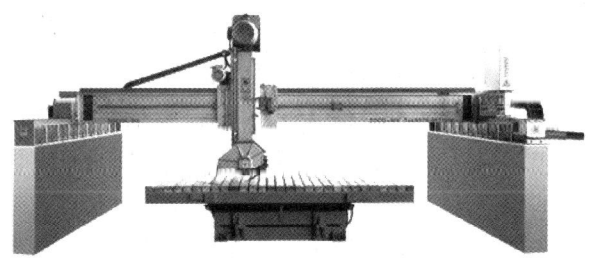

图1.3 桥式切机

1.2.1.3 桥式磨机

桥式磨机主要用于大理石和花岗岩的薄板和厚板精密磨削和抛光，也可对花岗岩砖、矩形立柱、墓碑等进行研磨和抛光。桥式磨机不同于连续磨机，其工作台固定，磨头做磨削和进给运动。桥式磨机根据磨头数量可分为单磨头桥式磨机和双磨头桥式磨机。双磨头桥式磨机两个磨头同时进行磨削，可以大大提高加工效率。桥式磨机安装有不同的加工程序，具有多功能性和广泛用途。桥式磨机装有滑动导轨和自动上下料装置，因此可以同时加工更多的板材。桥式磨机如图 1.4 所示。

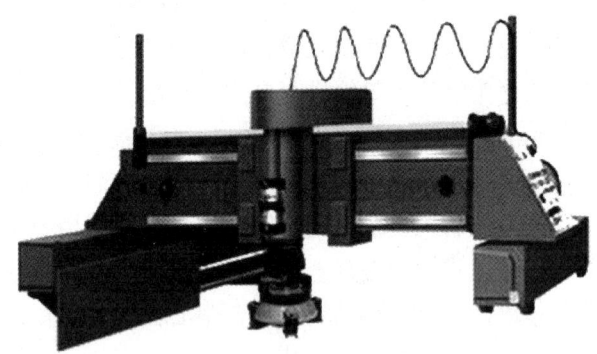

图 1.4 桥式磨机

桥式磨机对岩石板材进行研磨抛光，是由磨头带动专用磨具进行的。磨具在板材表面做有规则的波形运动并且自转，对石材进行磨削抛光，能对几块石材依次进行粗磨、抛光等加工工序。磨机根据不同石材采用不同的磨头。一般至少采用 8 个不同粒度的磨头对石材进行由粗到细的磨削和抛光。其中 1~7 号磨头用水冷却进行研磨，而第 8 号磨头用高转速进行抛光，最高转速可达 720r/min，采用的磨头为毛毡和抛光粉制造而成的。磨头对板材的压力通过气压进行控制调节以适应每道工序不同的压力要求，冷却水量通过阀门调节大小。

1.2.1.4 石材雕刻机

石材雕刻机大致分为两类，回转式石材雕刻机和平面式石材雕刻机。不同类型的石材所用到的加工机床有所不同。回转式石材雕刻机经过多年的技术更新，形成现有的自动雕刻和车削设备，它的加工材料范围较广，适合加工圆柱形和异型石材的装饰品、浮雕等。平面石材雕刻机与回转式石材雕刻机不同点是它仅限于对加工件的平面进行雕刻，实现加工工具三维方向运动，而回转式雕刻机可以对回转件进行雕刻。

对于重型石材，常见的铣削加工类型即雕刻加工中多用到桥式的大型雕刻机。一般石材中应用较为广泛的轻型加工机床是桥式切割机，如图 1.5 所示。两种类型的加工设备共同点是，刀具都在工件平面两个方向上移动，工作台采用液压顶升装置来完成工件的上料和卸料。二者不同在于所采用的刀具有所区别，雕刻机的刀具为石材加工专用金刚石铣刀,切割机则为金刚石锯片。此类机床与金属加工中大型铣削机床有所不同,龙门铣床多为工作台完成工件平面一个方向的进给,且龙门铣床主轴方向位移较大。对于轻型石材,通常用到与金属切削相同的普通铣床,但由于加工材料的不同,其夹具和刀具类型与金属切削有明显不同。

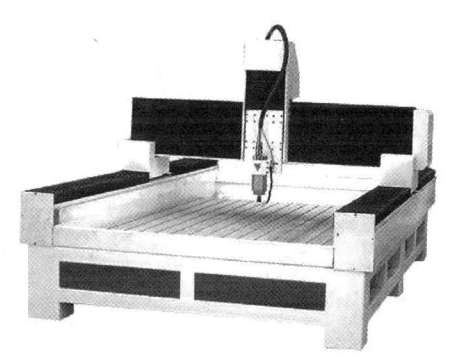 

(a) 重型加工机床　　　　　　　　　　　　(b) 轻型加工机床

图 1.5　花岗岩铣削加工机床

1.2.2　花岗岩铣削工具

金刚石铣削工具主要是以各种尺寸的金刚石颗粒对石材表面进行微切割。工具制造可以采用电镀沉积法,也可以采用热压烧结法。金刚石铣削工具相对其他工具有如下有优点:省电、高效、加工精度高、质量可靠等。金刚石铣削工具可以按照形状、制造、工艺、用途等进行分类。按形状可分为圆周铣和端面铣;按制造方法可分为热压烧结和电镀;按铣削工艺可分为磨削和廓形加工;按用途可分为板材加工和异型加工。金刚石铣削工具有两个作用:一是成型加工,对石材表面进行廓形加工,从而形成一定的廓形;二是对锯割过的表面进行粗加工,使石材表面更加平整。

金刚石圆柱铣刀也称为金刚石棒铣刀,如图 1.6(a) 所示,它与图 1.6(b) 的加工金属材料的铣刀不同,其主要用来对石材进行雕刻加工,通常在石材钻孔后,把棒铣刀放入孔中,铣刀在主轴的驱动下高速旋转并对铣刀施予一定的侧向力,铣刀按规定的轨迹切割石材,达到一定廓形后再用外圆磨边制作各种石材的台面。圆柱铣刀的接头通常与机床主轴链接。用于大理石雕刻加工的圆柱铣刀通常选用金刚砂细砂精工电镀加工制成,在钢制棒材表面镀覆金刚石颗粒,主要用于各种天然大理石、青石的大面积雕刻,也可以用于大理石、玻璃、玉石的切割加工。

(a) 加工金刚石的铣刀　　　　(b) 加工金属材料的铣刀

图 1.6　铣刀

通常在石材加工过程中圆柱金刚石铣刀应用较多。在圆柱钢的表面附着金刚石颗粒。研究表明，铣刀表面附着人造金刚石颗粒较好，其优点在于成本低、颗粒形状均匀、质量可靠等。在选择人造金刚石粒度之前，要先确定切割速度和被加工石材的表面光洁度。金刚石颗粒越大，切削速度越快，表面的光洁度越差。

石材加工装备及加工工艺是石材加工的基础和核心。从石材加工发展历史可以看到，随着加工装备的发展和工艺水平的进步，石材产品的质量和加工自动化水平也得到不断提高。石材加工从简单的平面加工向立体加工发展，从手工加工向机械化、自动化、数控化方向发展，从单件加工向流水线、柔性系统方向发展。因此促进了大量的石材铣削方面的研究。

花岗石作为一种典型的硬脆性材料，具有非连续、非均质、各向异性、高强度、高硬度、高脆性、耐磨性能强、低塑形，且内部含有大量随机分布的微裂纹、缝隙、空洞等缺陷，使花岗岩铣削加工过程中刀具磨损量大、加工质量差、加工成本高。由于花岗岩铣削过程中刀具表面参与微观切削的金刚石颗粒数目多且随机分布，颗粒几何形状不规则，切削深度小且不一致，加工参数变化等多种因素之间相互作用、相互影响，导致深入认识加工过程中的铣削机理变得异常困难。

本书从花岗岩铣削加工的微观角度出发，从单颗粒切削与顺次切削入手，采取实际的铣削加工参数，利用数值仿真技术对金刚石颗粒切削花岗岩进行模拟分析，研究不同切削参数对切削力的影响，并通过切削力理论估算公式和压、划痕试验验证数值模拟的可靠性。本研究结果可为金刚石刀具的选择和设计提供一定的理论依据，可提高刀具的使用寿命、加工效率和产品加工质量，可为具体工况下切削参数的选取提供参考。

1.3 花岗岩铣削效能评价

花岗岩铣削效能是加工过程中企业最关心的问题。铣削效能主要取决于花岗岩破碎速率、能耗、刀具磨损、切削力、产品质量等主要指标,这些评价指标并不单独地影响铣削效益,而是相互关联,相互影响,甚至相互矛盾。通过查阅相关文献资料和应用研究,可知切削力、破岩速率、刀具磨损是评价铣削加工效益的重要指标。

1.3.1 切削力

铣削加工中,花岗岩对金刚石刀具切削的阻力称为切削力。它是评价铣削效益的关键指标。主要反映刀具的疲劳寿命、被加工材料破碎的难易程度、功率损耗,同时切削力也影响刀具和花岗岩之间摩擦热量,摩擦热量又进一步加剧刀具破损和断裂风险。当采用相同的刀具和工艺参数对不同性质的花岗岩进行试验时,切削力的大小反映了花岗岩破碎的难易程度;在相同的工艺参数下,用不同的刀具对花岗岩进行了试验,切削力大小反映刀具的切削性能;切削试验中采用不同的切削参数,切削力反映切削参数的优劣程度。研究花岗岩铣削过程中切削力的变化规律,对于深入了解花岗岩破碎机理、刀具结构优化和加工参数的合理选取提供帮助。

在花岗岩铣削加工过程时,切削力是波动变化的,很难用数学表达式表示。国内外学者一般将切削力分为平均切削力和峰值切削力。平均切削力是切削过程中各切削力的平均值,峰值切削力是指稳定切削过程中切削力峰值的平均值。一些国外学者通过整理分析岩石的材料力学特性、相关理论模型和切削试验结果,得知平均峰值切削力是平均切削力的2~3倍。由于岩石实际断裂破碎机理非常复杂,目前,对于准确预测切削破岩过程中切削力的数值还没有可靠的理论依据,需要进行更加深入的研究。

1.3.2 花岗岩破碎率

花岗岩破碎率是指单位时间内花岗岩断裂破碎形成的碎屑量,也称破岩速率,是反映铣削效益的重要指标。花岗岩破碎率与切削速度基本上呈正相关,当切削速度保持不变时,花岗岩破碎率与刀具和花岗岩接触面积呈线性关系,接触面积主要取决于切削厚度、刀具几何参数、花岗岩材料的力学性能。花岗岩铣削加工中通常在保证刀具切削性能的情况下以提高破岩速率从而达到最佳加工效益。铣削加工中，提高切削速度、增加切削深度和刀具的接触面积会提高花岗岩的破碎率，但切削速度的增加使得动态冲击力大，导致切削力的增大；增加刀具的接触面积和切削深度使得刀具与花岗岩的相互作用力增大，加快了刀具的磨损和断裂，从而影响加工效率与加工质量。因此，在提高破岩速率的同时确保金刚石刀具的使用寿命，优化加工参数，对于提高铣削效益有着重要的意义。

1.3.3 刀具磨损

铣削加工是基于金刚石刀具高速转动和花岗岩试件快速进给的基础上实现的，因此，金刚石刀具和花岗岩之间的相互作用异常剧烈，导致刀具的磨损较为严重。根据金刚石颗粒与花岗岩的摩擦、基体与花岗岩的摩擦以及基体与岩屑间的摩擦，金刚石刀具的磨损可分为颗粒磨损、黏着磨损、扩散磨损和摩擦磨损。金刚石刀具在铣削过程中磨损的主要因素有：花岗岩的材料力学性能、加工参数（刀具速度、进给速度、有效切削深度）、刀具几何参数（制造工艺、颗粒尺寸、浓度、排列、裸露高度等）、花岗岩的几何尺寸等。刀具磨损变钝后导致铣削效率降低，此外，切削力的增加又将加快刀具的消耗磨损量，甚至导致铣削过程中发生断裂现象。因此，如何研发耐磨材料、合理设计金刚石刀具，提高刀具在铣削加工中的使用寿命也是一个非常重要的研究课题。

第 2 章 花岗岩铣削加工机理及压痕断裂仿真

2.1 花岗岩铣削加工过程

金刚石圆柱铣刀铣削石材的过程与金属磨削加工相似,都是利用刀具的回转金刚石颗粒切削工件,但所采用的刀具和机床与金属磨削又不相同。在微观上,花岗岩的铣削和金属的磨削都是利用磨粒对材料的磨削形成切屑而完成磨削,但由于加工对象不同,二者的加工过程又有着完全不同的历程。

普通磨削加工,其磨粒对金属的切削过程如图 2.1 所示,磨粒切削金属的过程历经了弹性变形、塑性变形及切屑形成三个阶段。最初由于切削厚度很小,磨粒仅使工件表面发生弹性变形(图 2.1 中 EP 段);随着切削厚度逐渐增大,工件表面由弹性变形过渡到塑性变形(图 2.1 中 PC 段),磨粒由滑擦转向刻划(又称耕犁),在工件表面刻划出沟痕,沟痕两侧金属滑移隆起;当切削厚度继续增大时,切削变形区的滑移剪切变形不断增大,最终形成切屑并沿磨粒前刃面流出。因此,金刚石颗粒对金属的切削,随着切削深度从零逐渐增大,其切削过程依次经历了滑擦、耕犁和切削三个过程。

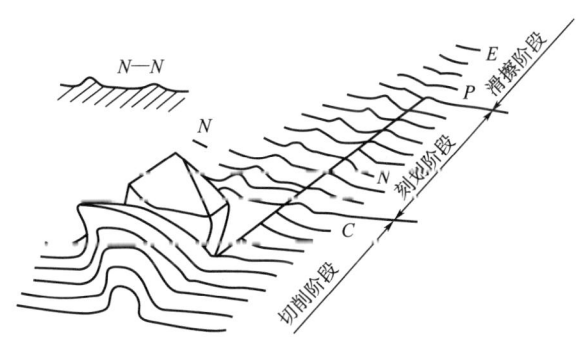

图 2.1 金刚石刀具磨削金属的切削过程

在花岗岩的铣削加工中,由于花岗岩的硬脆特性,在切削深度从零逐渐增大的过程中,其要经历滑擦、犁沟、压实和崩碎四个阶段,如图 2.2 所示。在滑擦阶段,由于磨粒切削深度很小,花岗岩为弹性变形;随着磨粒切削深度的增大,由滑动摩擦转入犁沟阶段，花岗岩进入塑性变形，在塑性变形的后期，由于花岗岩基体的弹性恢复力增强，可能产生横向裂纹，引起部分崩碎；当塑性变形超过限度后，花岗岩将被压实，此时由横向裂纹引起的崩碎加重；当磨粒切削深度较大时，花岗岩在磨粒楞面推挤，开始大面积崩碎，而与磨粒尖部接触的沟底花岗岩则被压实，断裂优先沿石材矿物解理面、晶界、天然裂隙等弱面发生，形成最后的崩碎切削。

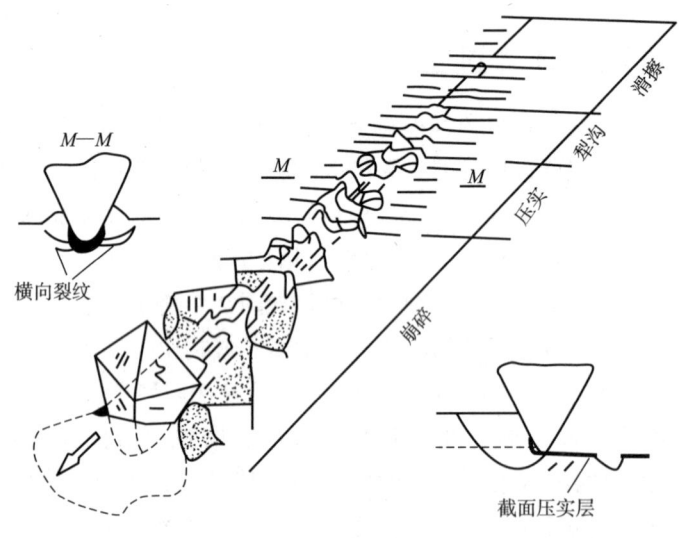

图 2.2　金刚石刀具铣削花岗岩的加工过程

通过以上分析可知，由于花岗岩材料的性质，金刚石刀具切削花岗岩的过程就是一个由硬质压头与脆性材料表面接触而导致断裂的过程，而这一过程可从压痕断裂进行分析，研究裂纹的起始以及扩展，从而形成切削的过程。

2.2　压痕断裂机理

对于压痕断裂具有很多方面的内容，它提供了脆性断裂基本过程的一些有价值的信息，可以定量地研究"脆性"这个力学性能中通常难以评价的因素。本节将从压痕断裂的机理来研究花岗岩破碎的过程。

2.2.1　岩石性质及强度准则

2.2.1.1　岩石性质

花岗岩是一种不连续、非均质、各向异性的多相材料，且内部存在大量随机分布的微裂纹、孔洞、界面等缺陷，其组成成分十分复杂，通常将岩石性质分为基本力学性能和物理性质。岩石的基本力学性能主要包括强度性能、变形性能、流变性能等。岩石的基本物理性质主要包括体积密度、热学性质、耐酸碱性、孔隙性、水理特性等，此外，还要考虑岩石的硬度、耐磨性、脆塑性等因素。本书主要研究金刚石刀具铣削加工花岗岩过程中的力学问题，因此，仅简单介绍与花岗岩断裂破碎机理相关的一些力学性质。

（1）岩石强度性能。岩石的强度是指岩石抵抗外力的能力，即岩石不发生破坏前的最大应力。岩石的强度主要取决于岩石颗粒间的摩擦力和岩石的内聚力。摩擦力是指岩石颗粒在相对运动时的摩擦阻力，而内聚力是指矿物晶体或岩屑之间的相互作用力。岩石的强度主要包括单轴抗拉强度、单轴抗压强度和单轴抗剪切强度。

①单轴抗拉强度。岩石的单轴抗拉强度是指岩体试样在单轴受拉下出现拉伸破坏时岩体试样单位面积上所受的极限载荷，通常用劈裂试验得到岩石的单轴抗拉强度。

$$\sigma_t = \frac{2P}{\pi DT} \tag{2.1}$$

式中：σ_t——岩石的单轴抗压强度，Pa；
　　　P——岩体试样破坏前的最大载荷，N；
　　　D——岩体试样的直径，m；
　　　T——岩体试样的厚度，m。

②单轴抗压强度。岩石的单轴抗压强度是指在无围压压强的影响下，在轴向载荷作用下岩体试样发生压缩破坏时，其单位面积上所受的极限载荷。

$$\sigma_c = \frac{P}{A} \tag{2.2}$$

式中：σ_c——岩石的单轴抗压强度，Pa；
　　　P——岩体试样破坏前的最大载荷，N；
　　　A——岩体试样的横截面积，m^2。

根据相关应用研究与文献资料，岩石硬度可按抗压强度进行划分，如表 2.1 所示。

表 2.1　不同岩石的抗压强度

岩石硬度	极软	软	中软	中硬	硬	坚硬
抗压强度/MPa	<25	25~50	50~75	75~100	100~200	>200

③单轴抗剪切强度。岩石的单轴抗剪切强度是指压力作用下岩石抵抗剪切变形的关键指标。假设剪切面上的压应力和剪切强度呈线性关系,从而消除剪切面上压应力对岩石剪切破坏时抗剪强度的影响。岩石的抗剪切强度可用内聚力和内摩擦角来表示,即:

$$\tau = C + \sigma \tan\varphi \tag{2.3}$$

式中:τ——岩石的单轴抗剪切强度,Pa;

C——岩体试样的内聚力,Pa;

σ——岩体试样剪切面上的正应力,Pa;

φ——岩体试样的内摩擦角,(°)。

(2)岩石变形性能。岩石的变形性能通常用应力—应变曲线来描述。在外载荷作用下,应变 ε 随应力 σ 的增大而增大,当应力达到岩石强度极限时,岩石突然发生断裂破碎。在初始阶段,应变随着应力的增大而增加,当卸载后应变减小为零,岩体试样立即恢复原状,这一阶段称为弹性变形阶段,弹性模量 E 为应力应变的比值;随着载荷的增加,应力逐渐增大,当应力应变比不在呈线性关系时,卸载后岩样无法恢复原状,这一阶段为塑性变形阶段;当继续加载时,由于岩石为硬脆性材料,岩石受到的应力超过岩石的强度极限时,岩石会发生断裂破碎,应变量会突然降低。由岩石的应力—应变曲线可以求出岩石的强度、弹性模量、泊松比等参数。根据应力—应变曲线,岩石的断裂破坏过程可分为压实阶段、弹性阶段、裂纹稳定扩展阶段、裂纹不稳定扩展阶段和断裂破坏阶段。

岩石的变形特性可由泊松比 μ、体积模量 K_V 和剪切模量 G 来表征。岩石在单轴载荷作用下,除了轴向有变形外,在垂直于载荷方向上也会发生小范围的变形,垂直载荷方向上和载荷方向发生的变形之比为泊松比。通常取单轴轴向载荷为岩石抗压强度一半时的应变值来计算泊松比。体积模量 K_V、剪切模量 G、弹性模量 E、泊松比 μ 之间的关系见式(2.4)、式(2.5)。

$$G = \frac{E}{2(1+\mu)} \tag{2.4}$$

$$K_V = \frac{E}{3(1-\mu)} \tag{2.5}$$

(3)岩石硬度。岩石硬度是指岩石抵抗外部载荷的能力,它与岩石的性质有关。岩石的硬度通常分为相对硬度和绝对硬度两种,根据岩石变形和断裂破碎程度又可分为弹性硬度和破坏硬度。根据岩石硬度定义,其数学表达式见式(2.6)。

$$\sigma_k = \frac{P}{A} \tag{2.6}$$

式中：P——岩石断裂破碎时的压入压力，N；

　　　A——刀具与岩石间的接触面积，m^2。

（4）岩石脆塑性变形。除了岩石的强度特性和硬度外，岩石的脆塑性对铣削性能也有很大的影响。塑性是指岩石在剪切作用下发生断裂前的塑性变形能力，脆性是指岩石有效应力达到岩石的强度极限时，岩石发生断裂破碎，且没有明显的塑性变形。岩石的脆塑性反映了岩石在不同应力下的塑性、脆性和脆塑性断裂过程。根据相关文献和应用研究，岩石的应力—应变曲线通常用来表征岩石的脆塑性变形趋势。岩石的脆塑性按不同的应力—应变关系分为图2.3所示的几种类型。从图2.3中可知，Ⅰ型为脆性断裂破坏，应力加载中为直线变化，直到岩石突然断裂破坏；Ⅱ型为弹塑性断裂破坏，破坏前非弹性变形增大；Ⅲ～Ⅴ型曲线的特征是在开始阶段向下凹，当岩石内部的微裂隙闭合后，小范围内应力—应变曲线呈线性关系，最后在破坏前表现出非弹性变形（Ⅳ、Ⅴ型）；Ⅵ型曲线开始时有一小段直线型，之后会变为非弹性变形和蠕性变形。

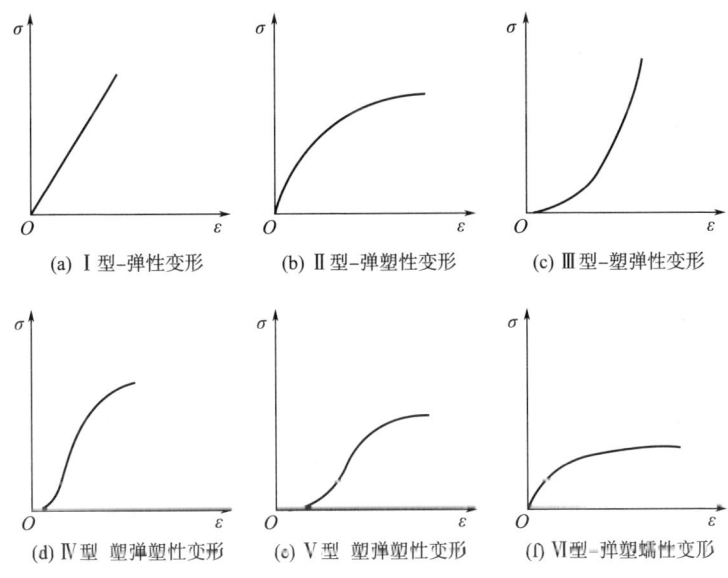

图2.3　岩石的变形特性

2.2.1.2　岩石的强度准则

岩石力学中，由于不同种类的岩石其结构和性质差异显著，其断裂破坏形式也各不相同，因此，针对不同种类的岩石需要选取不同的强度失效准则来描述其失效行为。本书主要介绍岩石切削断裂破碎过程中一些常用的强度准则。岩石力学中常见的失效准则主要包括莫尔—库伦强度准则、格里菲斯强度准则、修正的格里菲斯强度准则、德鲁克—普拉格强度准则等。

（1）莫尔—库仑强度准则（Mohr-Coulomb criterion）。莫尔—库仑强度准则在岩石力学中得到了广泛应用。该强度准则假设在剪切作用下岩石才发生断裂破碎，岩石的抗剪强度主要取决于岩石的内聚力和正应力在剪切面上所产生的摩擦力，其剪切强度准则参见式（2.3）。

莫尔—库仑强度准则的强度曲线由第一主应力 σ_1 与第三主应力 σ_3 来描述，即：

$$\frac{1}{2}(\sigma_1 - \sigma_3)\sin2\alpha = C + \left[\frac{1}{2}(\sigma_1 + \sigma_3) + \frac{1}{2}(\sigma_1 - \sigma_3)\cos2\alpha\right]\tan\varphi \quad (2.7)$$

式中：σ_1——第一主应力，Pa；

σ_3——第三主应力，Pa；

α——剪切破坏角，即剪切面与第三主应力的夹角，（°）。

莫尔—库仑强度准则中，当正应力为负值，特别是正应力 $\sigma < -\sigma_t$ 时，则式（2.7）描述的强度特性不符合实际情况，因此，有必要对其进行修改。在实际的切削过程中，通常在 $\sigma = -\sigma_t$ 时去掉强度曲线，使其剪切强度变为零，如图2.4所示。但在切削破岩中由该方法计算得到的剪切强度要大于实际的剪切强度。

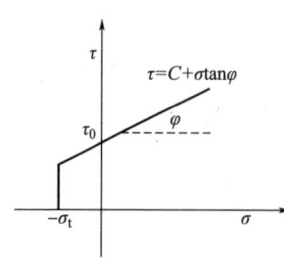

图2.4 莫尔—库仑强度准则

（2）格里菲斯准则。格里菲斯认为，岩石等典型的硬脆件内部普遍存在大量随机分布的微裂纹、亚微观缺陷和其他无法检测到的不均匀区域，在外力作用下，岩石内部中的这些缺陷会发生不同的变化，受力区域会形成压实核，并产生大量的微裂纹，微裂纹扩展贯通是导致岩石发生断裂破碎的主要原因。格里菲斯在不考虑压缩过程中摩擦力对闭合裂纹面影响的条件下，假设椭圆裂纹从最大拉应力集中点开始扩展，当岩石的压应力达到材料的抗拉强度时，岩石内部的微小裂纹会扩展贯通到岩石表面，最终导致岩石的断裂破碎。椭圆裂隙在平面应力下受到双向压力时裂纹扩展准则，即格里菲斯强度准则，由式（2.8）表示。

$$\begin{cases}(\sigma_1 - \sigma_3)^2 + 8\sigma_t(\sigma_1 + \sigma_3) = 0 & (\sigma_1 + 3\sigma_3) > 0 \\ \sigma_3 = \sigma_t & (\sigma_1 + 3\sigma_3) \leq 0\end{cases} \quad (2.8)$$

式中：σ_t——岩石的抗拉强度，Pa。

格里菲斯准则没有考虑裂隙之间的摩擦作用，认为当应力超过岩石的单轴抗拉强度时，岩石发生断裂破碎现象。

（3）修正的格里菲斯准则。当岩石内部的裂隙在压缩作用下未闭合时，裂隙的两个面相互接触，如果有相互运动或相互运动趋势，接触面就会产生摩擦。当考虑摩擦对闭合裂隙扩展的影响时，有必要对格里菲斯准则进行修正即：

$$\sigma_1 = \sigma_3 \left(1 + \frac{2f}{\sqrt{1+f^2}-f}\right) + \sigma_c \tag{2.9}$$

式中：f——闭合裂隙摩擦面的摩擦系数。

格里菲斯准则是假设外力作用下岩石内部裂隙发生扩展时，由机械能和表面能进行平衡而得到的，通过能量平衡和缺陷假说，格里菲斯理论模型确定了脆性断裂理论的基础，并进一步分析了材料硬脆性的决定因素，其理论能很好地解释岩石内部裂纹的扩展情况。这一概念在岩石力学中得到了很大发展，为岩石断裂破碎力学问题的研究提供了一种新方法。格里菲斯强度准则是以硬脆性材料为基础提出的，只能研究脆性较高的岩石，而不适合断裂韧性较低的岩石。

（4）德鲁克—普拉格准则。莫尔—库仑强度准则是基于岩石在剪切作用下断裂破碎的理论模型，但它并没有考虑第二主应力对岩石断裂破碎的影响，因此，不能够解释岩石在静水压力下发生屈服或断裂破坏现象。德鲁克—普拉格准则是在莫尔—库仑强度准则的基础上，考虑第二主应力 σ_2 和静水压力对岩石断裂破碎的影响，其数学表达式如下。

$$f = \alpha I_1 + \sqrt{J_2} - K \tag{2.10}$$

式中：$I_1 = \sigma_1 + \sigma_2 + \sigma_3$；

$J_2 = \frac{1}{6}[(\sigma_1 - \sigma_3)^2 + (\sigma_2 - \sigma_3)^2 + (\sigma_3 - \sigma_1)^2]$；

$\alpha = \frac{2\sin\varphi}{\sqrt{3}(3-\sin\varphi)}$；

$K = \frac{6\cos\varphi}{\sqrt{3}(3-\sin\varphi)}$。

2.2.2 接触应力场

压痕断裂起始于一个接触应力场，在这个应力场中裂纹逐渐发育而成。这个应力场主要由几何因素（压头形状）和材料性能（弹性模量、硬度和韧性）决定。在讨论压痕断裂时通常将压痕区分为"尖锐的"和"钝的"，这两种类型取决于接触时是否出现了不可逆的形变。

在花岗岩的铣削加工中采用的刀具多为热压成型和钎焊的金刚石刀具，金刚石颗粒镶嵌按一定的浓度和粒度用结合剂结合在刀具基体上，理想的工业用金刚石颗粒如图2.5（a）所示。图2.5（b）和（c）为作者后续试验所采用的刀具中比较理想的颗粒镶嵌状态，且仅讨论法向加载的情况。

 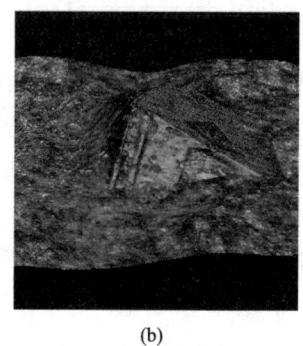 

(a)　　　　　　　　　　(b)　　　　　　　　　　(c)

图2.5　金刚石颗粒

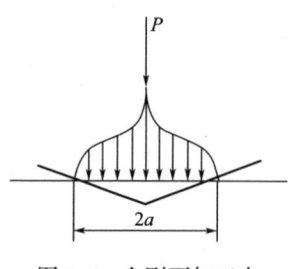

图2.6　金刚石加工中接触作用力示意

对于花岗岩铣削，考虑一个承受法向点力 P 作用的线性弹性半空间，这一受力构型如图2.6所示。为避免应力的奇异性，接触将发生于一个具有特征线尺寸 a 的非零的面积区域上。因此应力场可以由两个标量表征：在空间方面为接触尺寸 a 本身；在强度方面则为平均接触压力。对于具有几何相似性、刚性的、具有固定外形的锥形压头，弹塑性接触的接触应力 p_0 用式（2.11）表示。

$$p_0 = P/(a_0 a^2) \tag{2.11}$$

式中：P——垂直于材料表面施加的载荷，N；
　　　a_0——与压头几何形状相关的常数；
　　　a——接触尺寸，m^2。

对于花岗岩这样的硬脆材料，在很小的载荷作用下，仍会产生一定的塑性变形，当载荷增加到一个临界值 P_c 时，材料将由塑性变形向脆性破坏转变，在材料内部和表面产生脆性裂纹。P_c 值与材料硬度和断裂韧性的关系用式（2.12）表示。

$$P_c = K_R \lambda c^{3/2} \tag{2.12}$$

式中：K_R——材料的断裂韧性；
　　　λ——综合影响因子；
　　　c——半饼状裂纹的半径，m。

根据该临界载荷值可在一定条件下实现硬脆材料的塑性加工。

为进一步分析压痕试验的应力场，在花岗岩试件表面，施加一集中载荷 P 后，以载荷 P 点为原点，建立极坐标体系如图 2.7 所示。分析在以点力作用为原点的极坐标系统 (ρ, θ, ϕ) 中，在半径为 R、夹角为 ϕ 的任意空间内，设主应力分别为 σ_{11}、σ_{22}、σ_{33}。其中 σ_{11}、σ_{22} 在通过对称轴的纵剖面上的迹线如图 2.8（a）所示，曲线的切线表示主应力的方向，σ_{33} 与图面垂直。则应力分布具有以下形式。

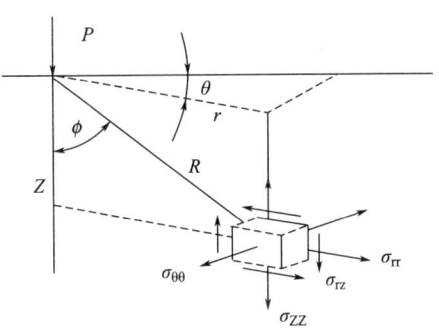

图 2.7 应力场坐标系

$$\sigma_{ij}/p_0 = (a_0/\pi)(a/\rho)^2[f_{ij}(\phi)]_v, (\rho >> a) \tag{2.13}$$

式中：$f_{ij}(\phi)$ 为对应于给定泊松比 v 的一个关于极角 ϕ 的明确定义的函数，应力与距离的平方呈反比，其是发育完善的接触断裂固有稳定性的根源。此外，这里关注 $\rho<a$ 区域中场的性质，仅是因为它可以预期裂纹图案的空间原点以及此后的最终形式。图 2.8（b）为应力等高线的侧视图，接触区直径为 $2a$，每一点给出了主应力的大小，根据花岗岩的不同，图中应力大小会有所不同，本图中数据参考文献 [27] 示出。

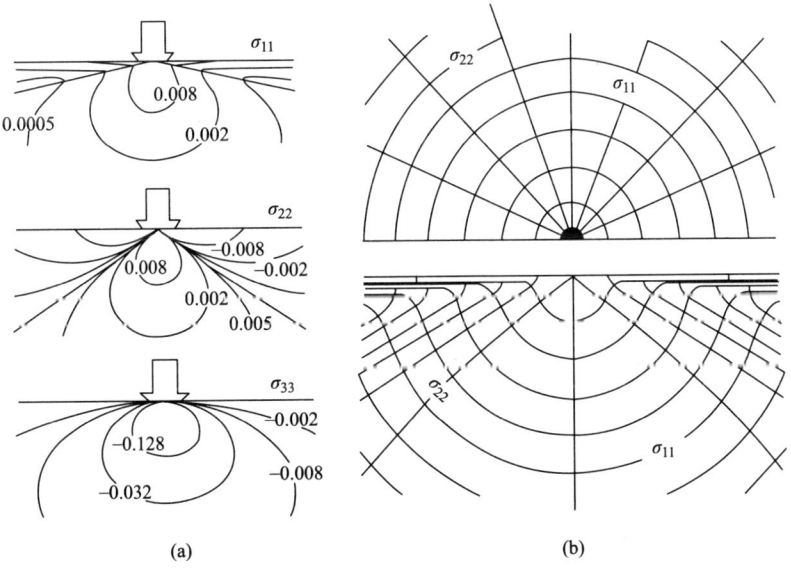

图 2.8 轴对称场的主应力

在几乎任何位置处这些应力之间都存在 $\sigma_{11} > \sigma_{22} > \sigma_{33}$ 这一关系。σ_{11} 在场中所有点处均为拉应力，在表面 ($\phi = 0$) 处及沿接触轴方向 ($\phi = \pi/2$) 具有最大值；σ_{22} （"环形"应力）在亚表面上为拉应力；σ_{33} 在任何地方均为压应力。可以认为：尽管拉应力比较小，但它的存在在接触场中一般是不可避免的，脆性裂纹有沿着垂直于最大拉应力方向发生扩展的趋势，可以预期发育完善的裂纹将位于准锥形 (σ_{22} - σ_{33}) 或中位的 (σ_{11} - σ_{33}) 轨迹线上。

2.2.3 裂纹形成过程

在上节中提到脆性裂纹有沿着垂直于最大拉应力方向发生扩展的趋势，图 2.9 示例了尖锐压头与花岗岩表面接触过程中形成的各种裂纹，其中从剪切变形区域下部起裂的是侧向裂纹，并在卸载过程中产生、扩展；在加载过程中产生的且在卸载过程中存在部分恢复的是中位裂纹；在加、卸载过程中均可出现且在卸载过程中继续发展的是径向裂纹。下面结合图 2.10 所示分析尖锐压头与花岗岩接触形成裂纹的过程，图中黑色区域代表不可逆变形区。

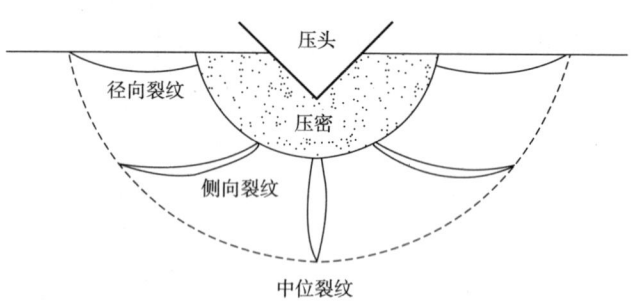

图 2.9　尖锐压头与花岗岩表面接触过程中形成的裂纹示意

（1）尖锐的点接触导致了非线性的不可逆变形。

（2）在一个临界载荷下，变形区内一个或多个初生的缺陷变得不稳定，发生突进而在受拉的中位面上形成亚表面径向裂纹，中位面也包含了加载轴的平面。

（3）随着载荷的进一步增大，裂纹持续向下扩展。

（4）在卸载的过程中，随着接触弹性组元的逐渐恢复，中位裂纹在表面下方闭合，而在表面上的残余拉应力场中则同时保持张开状态。

（5）在压头刚开始离开试件表面时，残余应力场占据主导位置，使表面径向裂纹发生进一步扩展，并在形变区底部附近区域诱发出一个向斜侧扩展的碟状侧向裂纹次生系统。

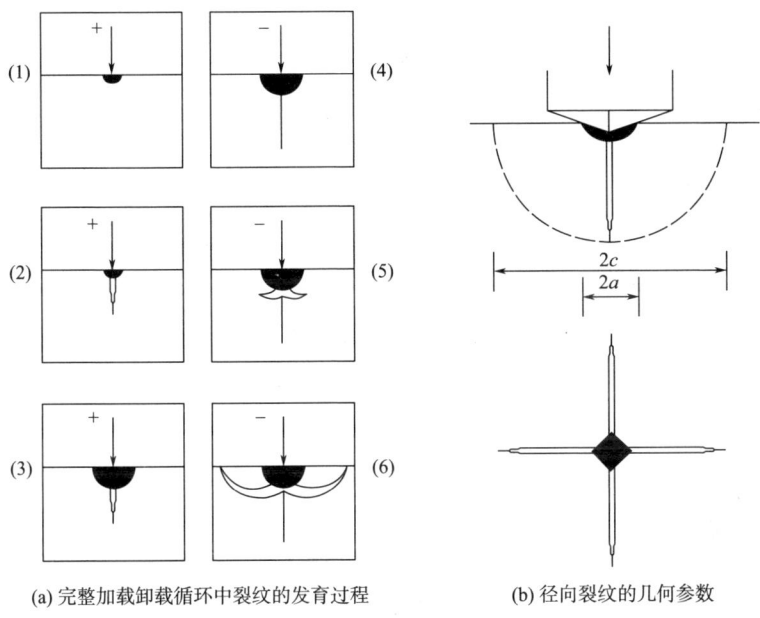

(a) 完整加载卸载循环中裂纹的发育过程　　(b) 径向裂纹的几何参数

图 2.10　尖锐压头与花岗岩接触形成裂纹的过程

（6）裂纹的扩展直到压头完全离开试样表面时才停止，两个裂纹系统最终倾向于形成以承载点为中心的半饼状裂纹，导致材料以切屑的形式剥离。

2.3　断裂破碎力学模型

国内外许多学者根据岩石的断裂破碎机理，建立了刀具与岩石间相互作用的理论力学模型。根据岩石不同的断裂破碎形式，切削破岩的理论力学模型可分为以下三种类型：拉伸断裂破碎力学模型、剪切断裂破碎力学模型和改进力学模型。

2.3.1　拉伸断裂破碎力学模型

Evans 通过对煤炭切削过程的研究，并考虑到岩石的材料力学特性，首先提出了适用于刀具切削破岩的二维力学模型，推导出切削过程中切削力 F 的理论估算公式：

$$F = \frac{2\sigma_t w d \sin\theta}{1 - \sin\theta} \tag{2.14}$$

式中：σ_t ——岩石的单轴抗拉强度，Pa；

θ——圆锥齿刀具的半锥顶角，(°)；
d——切削深度，m；
w——刀具的单位宽度，m。

Evans 提出了切削破岩过程中切削力的二维力学模型后，又根据最大拉应力准则建立了切削力的三维力学模型。首先，研究了张应力 q 作用下岩石内部圆孔的断裂破碎机理。如图 2.11 所示，一个半径为 a 的圆孔位于岩石表面深度 d 处，它表示岩石断裂破碎前的最大弹性变形，深度 d 远远大于圆孔半径 a。圆孔四周存在着张应力，当张应力达到岩石的单轴抗拉强度时，圆孔和岩石的接触界面会萌生拉伸微裂纹，并扩展贯通到岩石自由表面，导致岩石发生断裂破碎，图中 $\phi = 60°$。

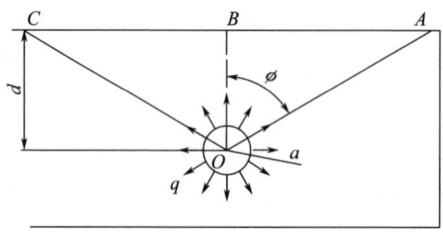

图 2.11　张应力作用下圆孔断裂模型

岩石内部圆孔发生断裂破碎时具有对称性，因此，对力学问题的分析选择对称部分进行力学分析。此外，由于拉伸断裂破碎过程中，作用在 OB 线上的拉应力远小于其他方向的拉应力，为了简化力学模型的受力分析，忽略 OB 线上的拉应力作用，如图 2.12 所示。从图中可知，拉伸裂纹 OA 线段上的拉应力 T 由式 (2.15) 表示。

$$T = \frac{\sigma_t d}{\cos\phi} \tag{2.15}$$

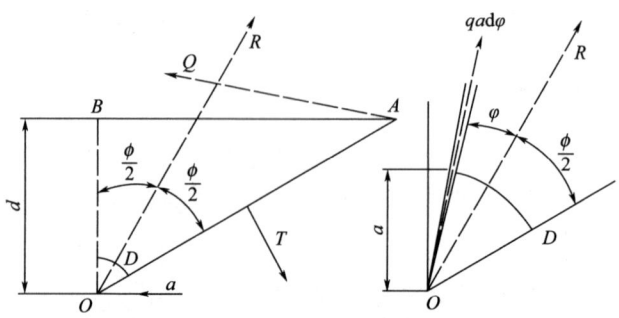

图 2.12　圆孔拉伸断裂的力学模型

刀具与岩石间的相互作用力 R 是由岩石四周的张应力 q 产生的，因此，对圆孔周围的张应力 q 进行积分：

$$R = \int_{-\phi/2}^{\phi/2} qa\cos\phi \mathrm{d}\phi = 2qa\sin\phi/2 \tag{2.16}$$

岩石尚未发生断裂破碎时，在 A 点还受到一个集中挤压作用力 Q，当岩石发生拉伸断裂破碎时集中挤压作用力变为零，有：

$$R\frac{d}{\cos\phi}\sin(\phi/2) = \sigma_t \frac{d}{\cos\phi}\frac{1}{2}\frac{d}{\cos\phi} \tag{2.17}$$

将式（2.16）代入式（2.17），并将 $\phi = 60°$ 代入，整理得到：

$$q = \frac{\sigma_t}{4}\frac{d}{a}\frac{1}{\sin^2(\phi/2)\cos\phi} = \frac{2\sigma_t d}{a} \tag{2.18}$$

式中：d/a 为无量纲常数，是岩石发生拉伸断裂破碎时的应变函数，可假设在切削过程中近似不变。

Evans 在对岩石内部圆孔发生断裂破碎机理的研究基础上，提出了圆锥齿刀具垂直切削破岩的三维理论力学模型，如图 2.13 所示。在刀具垂直切削过程中刀具最大横截面的半径为 a，考虑选取切削过程中刀具上的微小薄片进行受力分析研究，根据相关数学理论推导出整个刀具的受力情况。

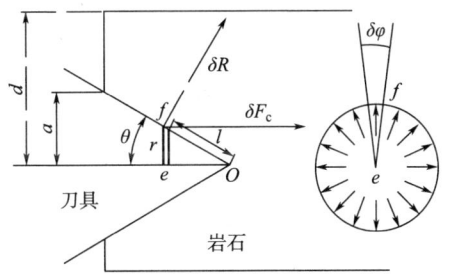

图 2.13　刀具切削破岩示意图

从图 2.13 可知，圆形薄片半径为 r，其横截面积为 δA。根据上述结论，作用在圆形薄片上的张应力应为上述圆孔的张应力，有 $q = 2\sigma_t d/r$，而岩石断裂破碎时垂直作用在薄片上指向其轴线方向的应力 $q = 2\sigma_t d/r\cos\theta$，刀具和岩石之间的相互作用力 δR 为：

$$\delta R = q \cdot \delta A = \frac{2\sigma_t d}{r\cos\theta}r\delta\varphi\delta l \tag{2.19}$$

因为 $r = l\sin\theta$，则作用在薄片上与轴线平行的作用力 δF_c 为：

$$\delta F_c = \delta R\sin\theta = \frac{2\sigma_t d}{\cos\theta}\delta\varphi\delta r \tag{2.20}$$

沿着切削方向对圆锥齿刀具进行积分，可以求出切削过程中的作用力 F_c。

$$F_c = \int \mathrm{d}F_c = \frac{2\sigma_t d}{\cos\theta}\int_0^\pi \int_0^a \mathrm{d}\varphi \mathrm{d}r = \frac{2\sigma_t d}{\cos\theta}\pi a \tag{2.21}$$

▶ 花岗岩加工机理及加工效能研究

由于圆锥齿刀具的对称性，切削破岩时刀具的对称部分也会受到相同的力，所以圆锥齿刀具所受的切削力 F 为：

$$F = 2F_c = \frac{4\sigma_t d}{\cos\theta}\pi a \tag{2.22}$$

又根据圆锥齿刀具凿入无限大的岩石研究，其切削力为：

$$F = \pi\sigma_c a^2 \tag{2.23}$$

式中：σ_c——岩石的单轴抗压强度。

根据式（2.22）和式（2.23），消去 a 得到：

$$F = \frac{16\pi\sigma_t^2 d^2}{\sigma_c \cos^2\theta} \tag{2.24}$$

2.3.2 剪切断裂破碎力学模型

在实际切削过程中，虽然大多数岩石以脆性断裂为主，但当刀具切入角度很小甚至是负值时，岩石在切削过程中不会发生拉伸断裂破碎，更多的是发生剪切断裂破碎或者压碎现象，因此，需要对切削中发生剪切断裂破碎的力学模型进行研究分析。

Nishimatsu Y 认为刀具切削破岩时岩石的断裂面遵守莫尔—库仑失效准则，并假设在切削破岩时切削宽度远大于切削深度，将剪切裂纹的扩展近似为直线，建立了基于岩石剪切断裂破碎的二维力学模型，如图 2.14 所示。

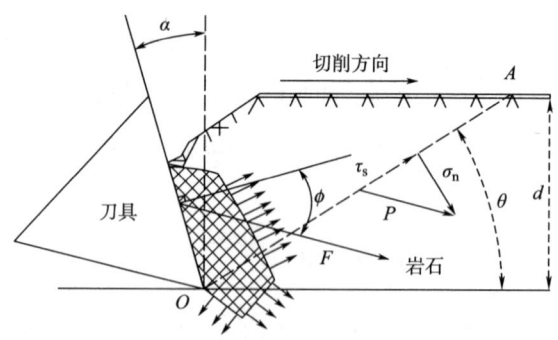

图 2.14 岩石剪切断裂破碎力学模型

在切削过程中岩石沿破碎面 OA 发生剪切断裂破碎，在破碎面上产生剪应力 τ_s 和压应力 σ_n，在破裂面上 O 点处应力最大，在 A 点应力为零，根据这一假设条件，令 P 表示破裂面上的有效应力，则：

$$P = P_0 \left(\frac{d}{\sin\theta} - \lambda \right)^n \tag{2.25}$$

式中：P_0——由力平衡决定的常数；

d——切削深度，m；

θ——切削方向与 OA 间的夹角，(°)；

λ——刀具尖端 O 点到破裂面 OA 上任意一点的距离，m；

n——应力分布系数，与切入角 θ 和刀具的几何形状有关，$n = 11.3 \sim 0.18\lambda$。

根据假设，破裂面 OA 上的合应力等于刀具作用于岩石的切削力 F，有：

$$F + P_0 \int_0^{d/\sin\theta} \left(\frac{d}{\sin\theta} - \lambda \right)^n d\lambda = 0 \tag{2.26}$$

对式（2.26）积分后，有：

$$P_0 = -\left[(n+1) \bigg/ \left(\frac{d}{\sin\theta} \right)^{n+1} \right] F \tag{2.27}$$

将式（2.27）代入式（2.25）中，并令 $\lambda = 0$，可得在 A 处的应力为：

$$P_A = -(n+1)Fd/\sin\theta \tag{2.28}$$

将 A 点处的集中应力分解为剪应力 τ_{sA} 和压应力 σ_{nA}，分别为：

$$\begin{cases} \tau_{sA} = -(n+1)\dfrac{\sin\theta}{d}F\sin(\theta - \alpha + \phi) \\ \sigma_{nA} = -(n+1)\dfrac{\sin\theta}{d}F\cos(\theta - \alpha + \phi) \end{cases} \tag{2.29}$$

式中：α——刀具的切入角度，(°)；

ϕ——岩石的切削摩擦角，(°)。

则破裂面 OA 上的剪应力 τ 和正应力 σ 分别为：

$$\begin{cases} \tau = \tau_{sA} \left(1 - \dfrac{\lambda \sin\theta}{d} \right)^n \\ \sigma = \sigma_{nA} \left(1 - \dfrac{\lambda \sin\theta}{d} \right)^n \end{cases} \tag{2.30}$$

假设岩石的断裂破碎形式主要遵守莫尔—库仑失效准则，取刀具宽度为 W，可得出切削过程中的刀具的作用力为：

$$F_c = \frac{2\tau_0 Wd\cos\phi}{(n+1)[1 - \sin(\theta - \alpha + \phi)]} \tag{2.31}$$

式中：τ_0——岩石的内聚力，Pa。

对应的作用于岩石上的切削力为：

$$F = \frac{2\tau_0 \cos\phi \cos(\phi - \alpha)}{(n+1)[1 - \sin(\phi - \alpha + \varphi)]} \tag{2.32}$$

2.3.3 改进力学模型

在刀具的切削过程中,由于岩石主要发生拉伸断裂破碎和剪切断裂破碎,因此,国内外学者主要研究这两种断裂破碎机理,提出各种理论力学模型,其中Evans提出的基于拉伸断裂破碎力学模型和Nishimatsu Y基于莫尔—库仑失效准则建立的二维剪切断裂破碎力学模型最为著名。由于研究过程中假设条件较为理想,在实际的切削过程中,它们还是存在很多不足之处。

由于实际切削加工中刀具并不总是垂直切削。当刀具切入角度非常小甚至为负值时,岩石主要发生压入破碎和剪切断裂破碎。此时,Evans的拉伸断裂破碎力学模型不适合描述刀具切削破岩过程。Goktan根据试验数据,考虑刀具切入角度和刀具岩石间的摩擦力对切削力的影响,提出了刀具切削过程中切削力的估算公式,即:

$$F = \frac{12\pi\sigma_t d^2 \sin^2[0.5(90° - \alpha) + \varphi]}{\cos[0.5(90° - \alpha) + \varphi]} \tag{2.33}$$

Roxborough考虑岩石的摩擦作用对切削力的影响,通过试验数据对Evans的力学模型进行了改进,得到更符合试验数据的切削力估算公式,即:

$$F = \frac{16\pi\sigma_t \sigma_c d^2}{[2\sigma_t + (\sigma_c \cos\theta)(1 + \tan\varphi)/\tan\varphi]^2} \tag{2.34}$$

欧阳义平采用数值仿真研究了岩石材料的力学性能和切削参数对切削力的影响,并根据Evans、Goktan、Roxborough等提出的力学模型,根据切削试验及数值分析软件拟合出各切削参数对切削力的定量关系,得到改进的切削力估算公式,即:

$$F = \frac{0.0234\sigma_c^{0.823} d^{1.2} \sin^2[(90° - \theta - \alpha)/2 + \varphi]}{\cos^2[(\theta + \varphi)/2] \cos[(90° - \theta - \alpha)/2 + \varphi]} \tag{2.35}$$

式中:σ_c——岩石的抗压强度,Pa;

d——切削深度,m;

θ——刀具的半锥顶角,(°);

α——刀具的切入角度,(°);

φ——岩石的内摩擦角,(°)。

2.4 压痕仿真分析

本节将通过运用 ANSYS/LS-DYNA 软件模拟金刚石颗粒在压入花岗岩时裂纹的产生及应力状态,进行压痕仿真分析。载荷方式是在花岗岩试样模型的顶部中心施加点荷载,相当于金刚石颗粒压入花岗岩,在这种条件下使花岗岩断裂破碎,为研究花岗岩的铣削加工及铣削力提供依据。

2.4.1 试件模型

在该压痕仿真中采用了本课题研究过程所使用的金刚石刀具参数,假设其颗粒为理想的正八面体,颗粒与胎体的结合状态为理想的均匀分布。刀具使用浓度为35%、粒度大小为 50/60 目的金刚石,切入深度为出刃高度的 $\frac{1}{4}$。对于 50/60 目孕镶金刚石颗粒的直径 d 是 0.3~0.6mm,孕镶的金刚石颗粒出刃高度取为 $\frac{1}{3}d$,在压痕仿真中,金刚石的材料模型采用 *MAT_ ELASTIC 本构模型,此材料为各向同性线弹性材料,材料参数见表 2.2。

表 2.2 金刚石参数

密度/(kg/m^3)	弹性模量/MPa	泊松比	硬度/MPa	抗压强度/MPa
3515	1.1×10^4	0.2	70000	8850

花岗岩模型为长方体,相对金刚石颗粒可以为无限长,长宽高均大于金刚石的直径。花岗岩材料变形比较复杂,在载荷作用下不仅有弹性变形,而且有塑性、脆性断裂等复杂现象。在压痕仿真中,花岗岩的材料模型采用 *Johnson-Holmquist 模型,该模型可以应用于高应变率、大变形下的混凝土及岩石模拟,具体的参数见表 2.3。

表 2.3 花岗岩参数

密度/(kg/m^3)	杨氏模量/MPa	泊松比	屈服强度/MPa	断裂强度/MPa
2970	5.49×10^4	0.25	850	400

据此建立金刚石颗粒压入花岗岩的模拟示例,如图 2.15 所示,建立切入深度为出刃高度的 $\frac{1}{4}$ 时的金刚石颗粒压入花岗岩的应力变化情况。

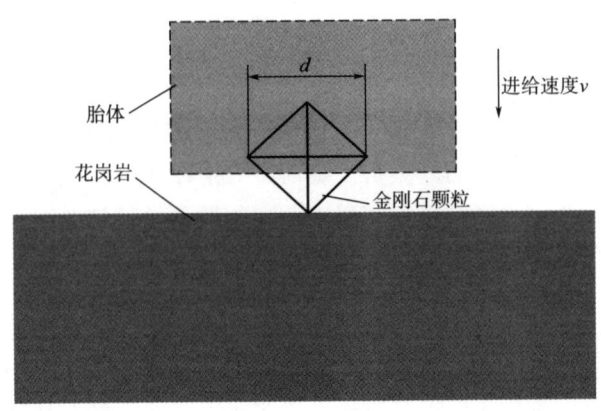

图 2.15 金刚石颗粒压入花岗岩的模拟示例

2.4.2 网格划分

在划分网格之前，一般需要对网格密度进行必要的控制。合理的单元网格密度是获得高精度结果的保证。为便于实现应力更好、更均匀的传递，应力集中位置的单元网格需要相对加密，这样能较好地捕捉塑性区或裂纹区的产生位置、扩展过程以及最终塑性区或裂纹区的大小。该压痕仿真中，由金刚石压入花岗岩，模拟实际加工中的破碎过程。金刚石为破碎花岗岩的主体，对金刚石和花岗岩分别进行网格划分，如图 2.16、图 2.17 所示。金刚石与胎体划分了 57487 个网格单元，并进行局部加密，采用 VMESH 命令，花岗岩划分了 48000 单元，主要采用的命令有 VMESH、VSWEEP。

图 2.16 金刚石和胎体的网格

图 2.17 花岗岩的网格

2.4.3 加载设置

在模拟金刚石压入花岗岩的过程中,金刚石与花岗岩表面接触是点面接触,在上端面的中心点施加点载荷,按小变形模式进行数值计算。在模拟当中为了简化运算,在加载过程中只有垂直方向的位移,无水平移动。将花岗岩模型的底面施加位移约束,模型前、后、左、右四个面为自由面。载荷直接施加在金刚石与花岗岩表面接触的那个节点上。

加载方式的设置有两种方法,一种是给金刚石施加力的载荷,另一种是施加速度载荷。当施加力载荷时,很难控制切削力与花岗岩对金刚石阻力的平衡。当施加的切削力大于花岗岩的阻力时,切削呈现出一种加速的状态,不符合实际切削过程;如果施加的切削力小于花岗岩的阻力,就不能破碎花岗岩。施加速度载荷时,既保证了匀速切削的过程,又比较符合实际加工。因此在压痕断裂的仿真中采用速度作为切削的载荷,选取线速度分别为 0.25m/s、0.3m/s、0.35m/s,分析金刚石不同进给速度时的应力场变化。

2.4.4 结果分析

本节针对金刚石颗粒在切入深度为 0.05mm、进给速度为 0.25m/s 时压入花岗岩的模拟仿真结果,对花岗岩的应力状态、裂纹发展等进行分析。

图 2.18 为切入深度 0.05mm 时加载—卸载过程花岗岩应力云图。从图中可以看出,金刚石在切削过程中,金刚石和花岗岩直接接触的区域。花岗岩受到金刚石的直接挤压力,相对来说应力比较大,最大应力发生在花岗岩与金刚石完全接触的区域。本模拟模型中该花岗岩的屈服强度是 850MPa,说明在金刚石压入花岗岩过程中,有可能花岗岩还没有完全被压实就已经开始破裂,形成切屑了。应力云图中没有出现太大应力,另一个可能的原因就是,根据前面的裂纹形成分析中可知,金刚石压入花岗岩的过程中会有材料的压实区,压实区属于塑性变形区,在 ANSYS/LS-DYNA 软件中,当试件中应力达到屈服强度时,ANSYS/LS-DYNA 软件程序自动删除了大变形的花岗岩单元。

图 2.19 为金刚石颗粒应力云图。在金刚石的压入过程中,随着切入深度的增加,其与花岗岩的接触面积增大,受力面积也在增加,在其应力云图中显示有个别应力突变。在金刚石压入花岗岩过程中,应力值是波动的。金刚石颗粒压入花岗岩后产生塑性变形压实域,切削力上升;在断裂裂纹生成后,切削力有所下降。切削开始后,断裂裂纹因能量释放,导致切削力迅速下降,其应力云图也验证了这一过程。

▶ 花岗岩加工机理及加工效能研究

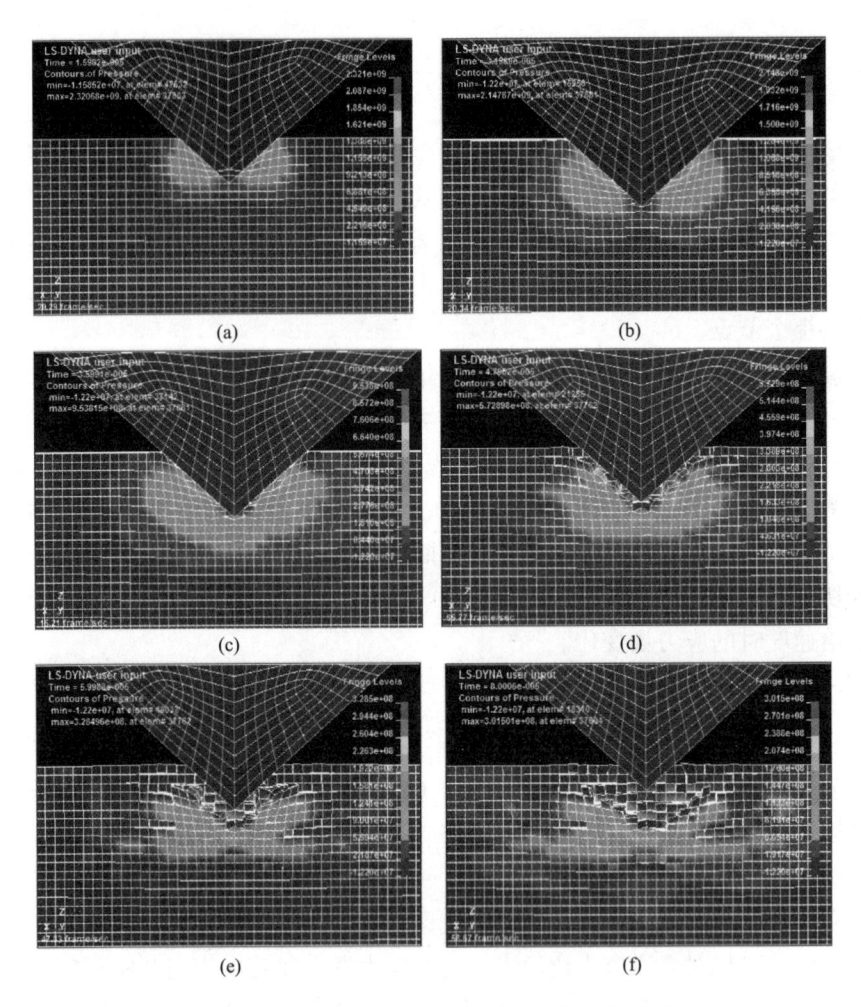

图 2.18　切入深度 0.05mm 时花岗岩应力云图

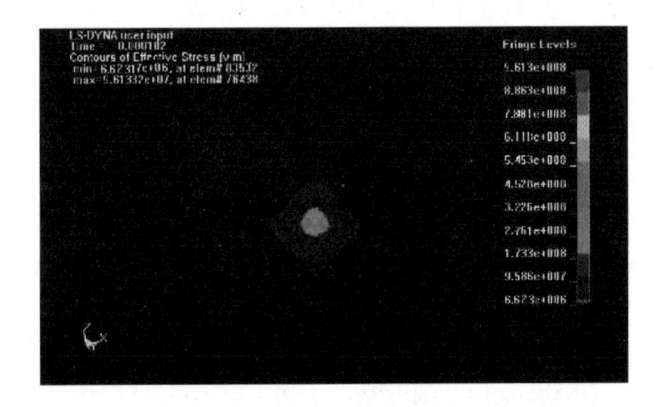

图 2.19　切入深度 0.05mm 时金刚石应力云图

图 2.20 为切入深度 0.05mm 时加载—卸载过程花岗岩网格变形图，反映了金刚石压入过程中花岗岩的形貌，以此来体现在金刚石切入试件后裂纹的分布情况。网格密集区首先是产生压碎面上的微小凸面，几乎同时花岗岩会产生弹性变形。载荷超过花岗岩屈服强度时，刀具会侵入岩石，在下方产生一个应力集中区形成密实核。随后，首先径向裂纹出现，然后中间裂纹、侧向裂纹也随之出现，这些裂纹会迅速扩展，并将形成许多新的次生裂纹，它们沿着剪切或拉应力迹线形成大体积崩裂。本模拟中利用较小的圆角代替金刚石的尖角，避免模拟过程中负体积的产生。在模拟过程中网格形貌所体现的压入过程与前面分析基本相符，通过网格的跳变显示产生的裂纹。从图 2.18 中可知，其径向裂纹不够明显，分析其原因，可能是径向裂纹使网格发生大变形，导致花岗岩破碎。从图 2.18 中也可看出，中位裂纹和侧向裂纹均有生成。

(a)

(b)

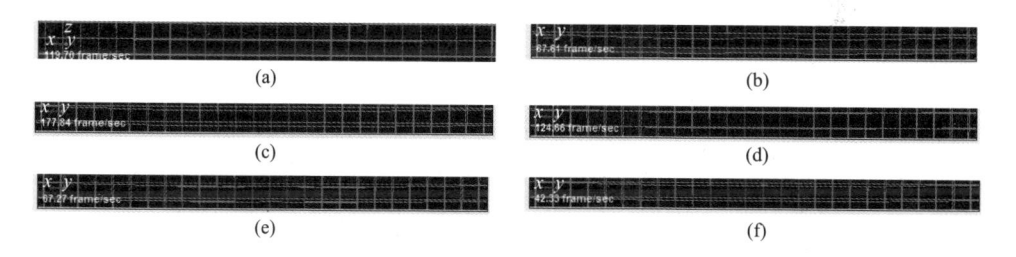

(c)

(d)

(e)

(f)

图 2.20 花岗岩网格变形图

综上所述，花岗岩的破坏过程，实质上就是能量传递的过程。在外载荷的作用下，能量以弹性能的形式被储存在花岗岩中，花岗岩首先会发生弹性变形，接着塑性变形开始，在破碎过程中，由于裂纹扩展和次生裂纹的出现，能量发生耗散，花岗岩原来所存储的弹性能逐渐变小，此时，压实核的范围也在逐渐减小，最后消失，直到岩块里的弹性能不足以使裂纹扩展，裂纹扩展停止。而若继续加载外载荷，花岗岩则重新储存能量，压实核又开始出现，压实核扩大到一定范围，所获得的能量达到裂纹扩展的临界载荷，裂纹扩展又重新开始，这个过程循环出现，直到最终形成宏观裂纹以致破坏，加载停止，循环也不再继续。

改变金刚石的进给速度，分别为 0.3m/s 和 0.35m/s，获得在不同进给速度下金刚石和花岗岩的最大应力（表 2.4）。根据表中数据可以看出，模拟中花岗岩的最大应力基本一致，符合花岗岩应力值达到屈服强度就破裂的状况。当切削深度一定时，金刚石所受到的应力随着切削速度的增大而增大，这也为后续对花岗岩加工铣削力的研究奠定了基础。

表 2.4　金刚石和花岗岩的最大应力

进给速度/(m/s)	应力/MPa	
	金刚石	花岗岩
0.25	961	364
0.3	1135	375
0.35	1420	375

第3章 单颗粒切削及顺次切削数值仿真

3.1 概述

本研究采用 ANSYS/LS-DYNA 有限元软件模拟花岗岩铣削加工中的动态微观切削过程,并对其进行研究分析。LS-DYNA 是世界上著名非线性动力分析程序,主要用于解决几何非线性、材料非线性以及接触非线性等问题的求解分析,特别适用于解决各种高速碰撞、爆炸、金属成型问题,同时能够求解流体、传热、流固耦合等问题。LS-DYNA 程序算法主要采用 Lagrangian 描述增量法,通过将拉格朗日计算式把网格固定在材料上,可以追踪物质的运动,识别材料的边界与交界面,准确地反映材料的本构关系,更重要的是,可以提高计算速度和精确度。同时兼有 ALE 算法、Euler 算法、光滑质点流体动力算法(smoothed particle hydrodynamics,SPH)以及边界元法(boundary element method,BEM)的特点。其求解模式以显示求解、结构分析、非线性动力分析为主,并具有隐式求解、热分析、静力分析功能。LS-DYNA 具有丰富的材料库,已有 200 多种金属与非金属材料的本构模型,可利用不同的材料本构模型灵活地描述各种复杂的实体材料。在接触设置中,LS-DYNA 提供了 50 多种接触计算模型,可以分析各种物体的接触特性。此外,程序中还提供了三种接触分析算法,分别是对称罚函数法、分配参数法、动力约束法,可用于各种接触计算模型。在求解控制中,有一些特殊的求解控制技术,如沙漏控制、质量缩放和混合时间积分,由于单个积分的实体、壳单元容易形成零能模式,其网格变形呈锯齿状,会对程序求解的精确性造成影响,因此,在求解过程中,LS-DYNA 通过均匀网格划分、人工体积黏性、质量缩放、重启动、混合时间积分对求解过程进行相应的控制。LS-DYNA 强大的分析处理问题的能力能够真实模拟实际中各种复杂问题,并通过与试验的大量对比验证其计算可靠性,在工业应用与学术研究中得到广泛应用。

3.2 LS-DYNA 分析流程

LS-DYNA 求解设置可分为三个操作过程,即前处理、求解设置、后处理。其中，前处理主要根据实际工况建立对应的有限元模型，并生成相应的关键字文件（K 文件），对于 ANSYS 前处理器中暂不支持 LS-DYNA 的一部分功能（例如材料模型的修改、SPH 算法等），可采用 LS-DYNA 自带前后处理软件 LS-PREPOST 对其关键字文件进行相应的修改；求解阶段主要将生成的关键字文件（K 文件）递交到 LS-DYNA 求解器中进行求解运算；求解完成后，LS-DYNA 会输出一系列显示分析结果的文件，可通过 LS-PREPOST 对计算结果进行可视化分析（等效应力分布、切削力变化情况、模型变形程度），并导出相应数据进行研究分析。具体操作过程如图 3.1 所示。

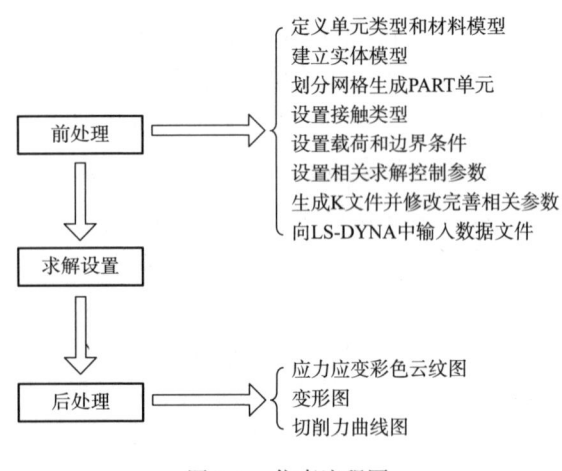

图 3.1 仿真流程图

3.3 有限元模型建立

3.3.1 金刚石颗粒材料模型

由于金刚石颗粒的抗压强度、屈服强度以及弹性模量都远大于花岗岩材料，在数值模拟中为了提高计算机运算速度，可不考虑其磨损、变形及断裂等情况，将其设定为刚性材料，具体的材料参数见表 3.1。

表 3.1 金刚石颗粒的材料参数

质量密度/（kg/m³）	弹性模量/GPa	泊松比	屈服强度/MPa	抗压强度/MPa
3515	1050	0.2	70000	8000

3.3.2 花岗岩材料模型

由于花岗岩组成成分复杂，且内含大量随机分布的微裂纹、界面、空洞等缺陷。大量研究表明，铣削加工过程中在这些缺陷的分布及变化情况与花岗岩的断裂破碎密切相关，这些缺陷的变化情况是由于损伤导致花岗岩的本构关系发生改变而引起的。因此，采用带有损伤因子的本构关系描述花岗岩材料较为合适。根据相关性研究，本课题选取 LS-DYNA 材料库中的 111 号材料（JOHNSON_HOLMQUIST_CONCRETE，HJC）本构模型描述花岗岩，HJC 模型能考虑静水压力、应变率和损伤对材料屈服强度的影响，并能较好地反应材料在高应变率、大应变、高压下的动态力学特性，因此该模型在岩土受力失效问题中被广泛应用。

HJC 模型主要包括材料力学参数、极限面参数、压力参数和损伤参数。基于文献提出的 Johnson-Cook 材料模型与扩展的德鲁克—普拉格准则，等效屈服强度可表示为静水压力、应变率和损伤的函数；压力是体积应变的函数；损伤积累是塑性体积应变、等效塑性应变和压力的函数。参数之间的关系如图 3.2 所示。

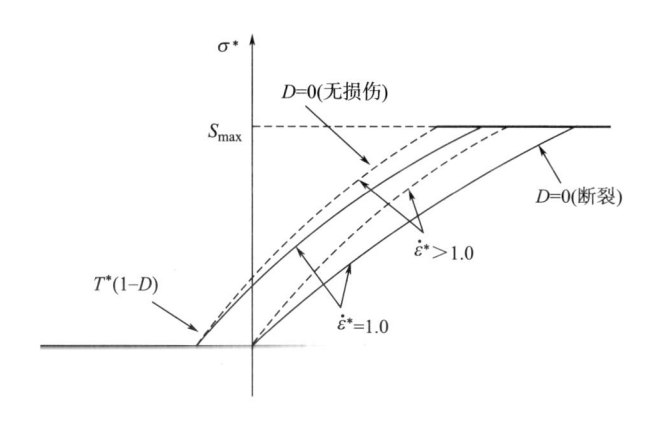

图 3.2 HJC 模型本构关系

HJC 模型的等效屈服强度，用式（3.1）表示。

$$\sigma^* = [A(1-D) + BP^{*N}](1 + C\ln \dot{\varepsilon}^*) \tag{3.1}$$

式中：σ^*——无量纲等效应力，$\sigma^* = \sigma/\sigma_c$；

σ——实际等效应力，Pa；

σ_c——材料在准静止状态下的单轴抗压强度，Pa；

A——无量纲黏结强度；

B——无量纲压力硬化系数；

C——应变率影响系数；

D——损伤变量；

N——压力硬化指数；

P^*——无量纲压力，$P^* = P/\sigma_c$；

P——实际压力，N；

$\dot{\varepsilon}^*$——无量纲应变率，$\dot{\varepsilon}^* = \dot{\varepsilon}/\dot{\varepsilon}_0$；

$\dot{\varepsilon}$——实际应变率；

$\dot{\varepsilon}_0$——参考应变率。

损伤变量 D（$0 \leqslant D \leqslant 1$）由等效塑性应变和塑性体积应变得到，由式（3.2）表示。

$$D = \sum \frac{\Delta\varepsilon_p + \Delta\mu_p}{\varepsilon_p^f + \mu_p^f} \tag{3.2}$$

式中：$\Delta\varepsilon_p$——等效塑性应变；

$\Delta\mu_p$——等效塑性体积；

$\varepsilon_p^f + \mu_p^f$——材料断裂时的塑性应变。

损伤变量 D 和等效塑性应变 ε 为材料在压力作用下是否失效的阈值，当无量纲压力等于材料的最大静水压力时，材料不能承受任何塑性应变。在实际加载过程中，由于材料内部的缺陷不断演化扩展，导致材料的内聚强度逐渐降低，因此，材料的损伤主要是塑性体积应变引起的，压力作用下材料断裂破碎时的最小塑性应变定义为：

$$f(p) = \varepsilon_p^f + \mu_p^f = D_1(P^* + T^*)^{D_2} \geqslant \varepsilon_{f_{\min}} \tag{3.3}$$

式中：T^*——材料无量纲最大静水压力，$T^* = T/\sigma_c$；

T——材料承受的最大静水压力，N；

D_1、D_2——材料的损伤常数。

在高静水压力作用下，HJC 模型可采用状态方程描述压力—体积应变的变化关系，主要有三个变形区域，如图 3.3 所示，分别为线弹性阶段、压实阶段、压实后变形阶段。

（1）线弹性阶段。

$$\begin{cases} P = K\mu \\ K = \dfrac{P_{\text{crush}}}{\mu_{\text{crush}}} \end{cases} \tag{3.4}$$

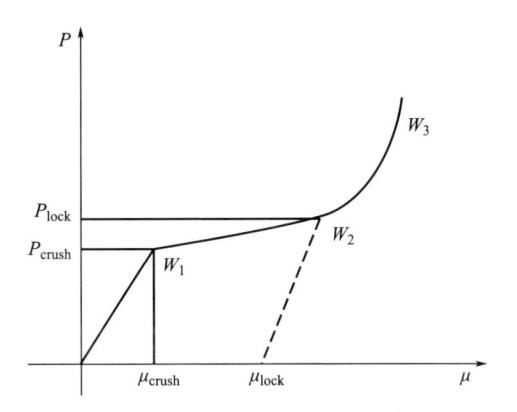

图 3.3 HJC 模型压力与体积应变关系

式中： P——静水压力，N；

K——体积模量；

μ——体积应变；

P_{crush}、μ_{crush}——材料压碎点的压力和体积应变。

（2）压实阶段（W_1W_2）。第一阶段后，在压力作用下材料内部孔隙、裂纹逐渐被压缩闭合而产生塑性变形，利用插值法计算得到：

$$P = \frac{P_{\text{lock}} - P_{\text{crush}}}{\mu_{\text{lock}} - \mu_{\text{crush}}}(\mu - \mu_{\text{lock}}) + \mu_{\text{lock}} \tag{3.5}$$

式中：P_{lock}、μ_{lock}——材料压实点的压力与体积应变。

（3）压实后变形阶段。此时材料处于非线性变化阶段，引入修正的体积应变 $\bar{\mu}$ 防止材料刚进入第三阶段时引起材料软化现象，其状态方程如下：

$$\begin{cases} P = K_1\bar{\mu} + K_2\bar{\mu}^2 + K_3\bar{\mu}^3 \text{（加载过程）} \\ P = K_1\bar{\mu} \text{（卸载过程）} \end{cases} \tag{3.6}$$

式中：K_1、K_2、K_3——压力常数；

$\bar{\mu} = (\mu - \mu_{\text{lock}})/(1 + \mu_{\text{lock}})$——修正体积应变。

HJC 模型在混凝土和岩石本构关系的研究应用已相当广泛，国内外学者主要侧重于 HJC 模型的理论分析、模型改进和材料力学参数方面。在材料力学参数选取上，Hui 等提出在 HJC 模型中当无量纲黏性强度 $A = 0.3$ 时，可以较好地模拟花岗岩材料特性，在没有考虑应变率影响系数时采用三轴压缩加载试验计算出无量纲压力硬化系数 B 和无量纲压力硬化指数 N，当应变率影响系数 $C = 0.0097$ 时，可以合理地反映花岗岩的动态力学特性。采取 HJC 本构模型模拟花岗岩材料的主要参数见表 3.2。

表 3.2　花岗岩的材料参数

符号	参数名称	数值
$\rho/(kg/m^3)$	质量密度	2660
G/GPa	剪切模量	28.7
A	无量纲黏性强度	0.3
B	无量纲压力硬化系数	2.5
C	应变率影响系数	0.0097
N	无量纲压力硬化指数	0.79
T/MPa	静水压力	12.2
σ_c/MPa	准静态单轴抗压强度	154

3.3.3　有限元几何模型

采用 LS-DYNA 中的 Solid164 三维实体单元建立颗粒切削花岗岩的几何模型。假设颗粒为理想的正四面体，根据金刚石钻探手册，对于金刚石刀具使用浓度为 35%、粒度 40/50 目，颗粒均匀分布时，其直径为 0.3~0.6mm。本文选取金刚石颗粒的直径为 0.41mm。花岗岩模型为长方体，相对于金刚石颗粒可以无限大，切削过程中花岗岩不仅发生弹性变形，而且发生塑形及脆性断裂等复杂现象。根据相关研究分析可知，当花岗岩模型的高度和宽度均为金刚石颗粒直径 2 倍时，可以满足均匀切削，均匀受力。在网格划分中，由于金刚石颗粒的几何形状不规则，采用自由网格划分将其切分成四边形网格，而花岗岩模型则采用映射网格划分，切分为六面体。为了提高运算速度和计算结果的精确性，将金刚石颗粒与花岗岩模型接触区域进行网格细划分，而非接触区域的网格则划分得相对稀疏，有限元几何模型的网格划分如图 3.4 所示。

图 3.4　几何模型的网格划分

3.3.4　加载设置

数值仿真中，在微观角度上将金刚石刀具的旋转运动简化为颗粒的线性运动，并根据相关计算得到具体的速度值，使金刚石颗粒在+X方向上以不同的速度做线性切削运动，以模拟实际的工作情况。约束颗粒质点上除+X方向外所有的自由度；将花岗岩模型的四个侧面和底部设置为非反射边界条件，以防止切削过程中产生的应力波扩散到模型边界面时又反射进入有限元模型，影响计算结果的精确度；约束花岗岩模型底面及左面上所有节点的自由度以固定花岗岩模型。在接触分析中，将金刚石颗粒定义为主单元，花岗岩材料模型定义为从单元，由于颗粒与花岗岩的接触为动态接触行为，因此，采用侵蚀接触CONTACT_ERODING_SURFACE_TO_SURFACE定义主、从单元的接触类型。侵蚀接触的目的是保证花岗岩外表面单元失效删除后，内部剩下的单元依然能考虑接触，继续与颗粒发生相互作用，采用对称罚函数法传递颗粒与花岗岩模型间的力学参数。另外，本课题在LS-DYNA的接触分析中采用统一的单位表（cm-g-μs）设置模型的几何参数和材料参数。

本课题主要研究铣削加工中金刚石颗粒对花岗岩的微观切削过程，分析金刚石颗粒的切入形式、切入角度、切削速度、切削深度对切削力的影响。根据大量文献资料以及收集的实际铣削加工数据，采用如表3.3所示加工参数值进行仿真分析，每个加工参数分为若干级，采用单因素法对加工参数进行研究分析，表中非变量值为不同加工参数仿真分析时选用的恒定不变量。记录微观切削过程中颗粒与花岗岩的相互作用力。

表3.3 加工参数

加工工艺参数	各级数值	非变量值
颗粒切入形式	棱边、斜面、正面	棱边
颗粒切入角度 $\alpha/$（°）	−30、−15、0、+15、+30	30
切削深度 $d/\mu m$	17、21、26、33、41、50	50
切削速度 $v/$（m/s）	2、2.5、3、3.5、4、4.5、5、10、20	4

3.4 单颗粒切削数值仿真结果分析

3.4.1 单颗粒切削花岗岩时的动态特性分析

根据岩石力学、材料力学第一强度准则可知，在花岗岩等硬脆性材料的铣削加工过程中，拉应力是导致其发生断裂破碎的主要因素，当材料所受拉应力达到其强度极限值时发生断裂破碎现象。因此，在金刚石颗粒对花岗岩的微观切削过程中，以第一等效主应力对相关图片进行解释说明。图 3.5 所示为单金刚石颗粒以棱边切入形式、切入角度 $\alpha = 0°$、切削速度 $v = 4m/s$、切削深度 $d = 50\mu m$ 的加工参数下花岗岩的等效应力分布云图。从图中可知，当颗粒与花岗岩刚接触时等效应力较小，从接触区域向花岗岩内部逐渐减少［图 3.5（a）］；随着颗粒的切入，花岗岩表面受到的等效应力逐渐向四周扩散［图 3.5（b）］；当颗粒进入稳定切削后，等效应力仅向切削方向前方扩展［图 3.5（c）］；当颗粒即将完成切削时，等效应力又重新向花岗岩表面的四周扩散［图 3.5（d）］；切削完成后，金刚石颗粒和花岗岩不再发生相互作用，并在花岗岩表面留有较大范围的残余应力［图 3.5（e）］。

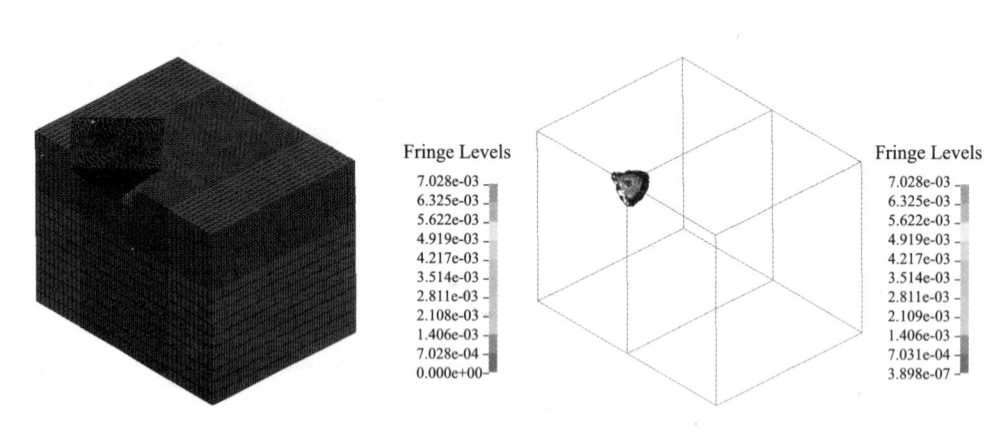

(a) 载荷步8时的等效应力分布

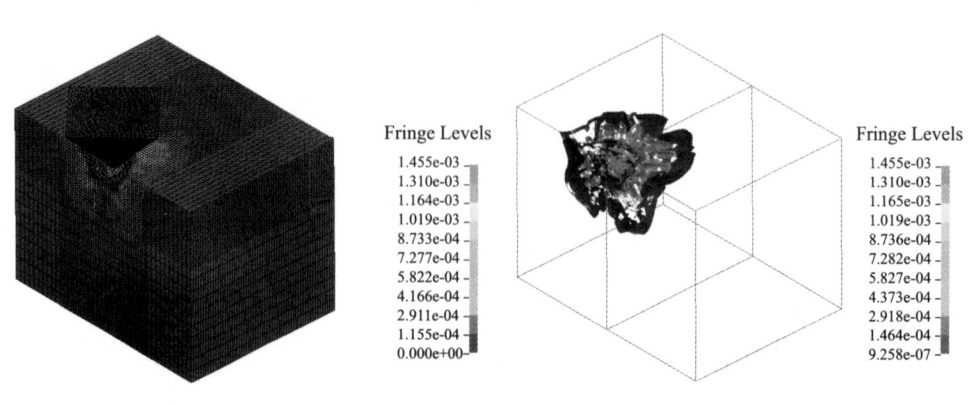

(b) 载荷步30时的等效应力分布

(c) 载荷步82时的等效应力分布

(d) 载荷步117时的等效应力分布

(e) 载荷步130时的等效应力分布

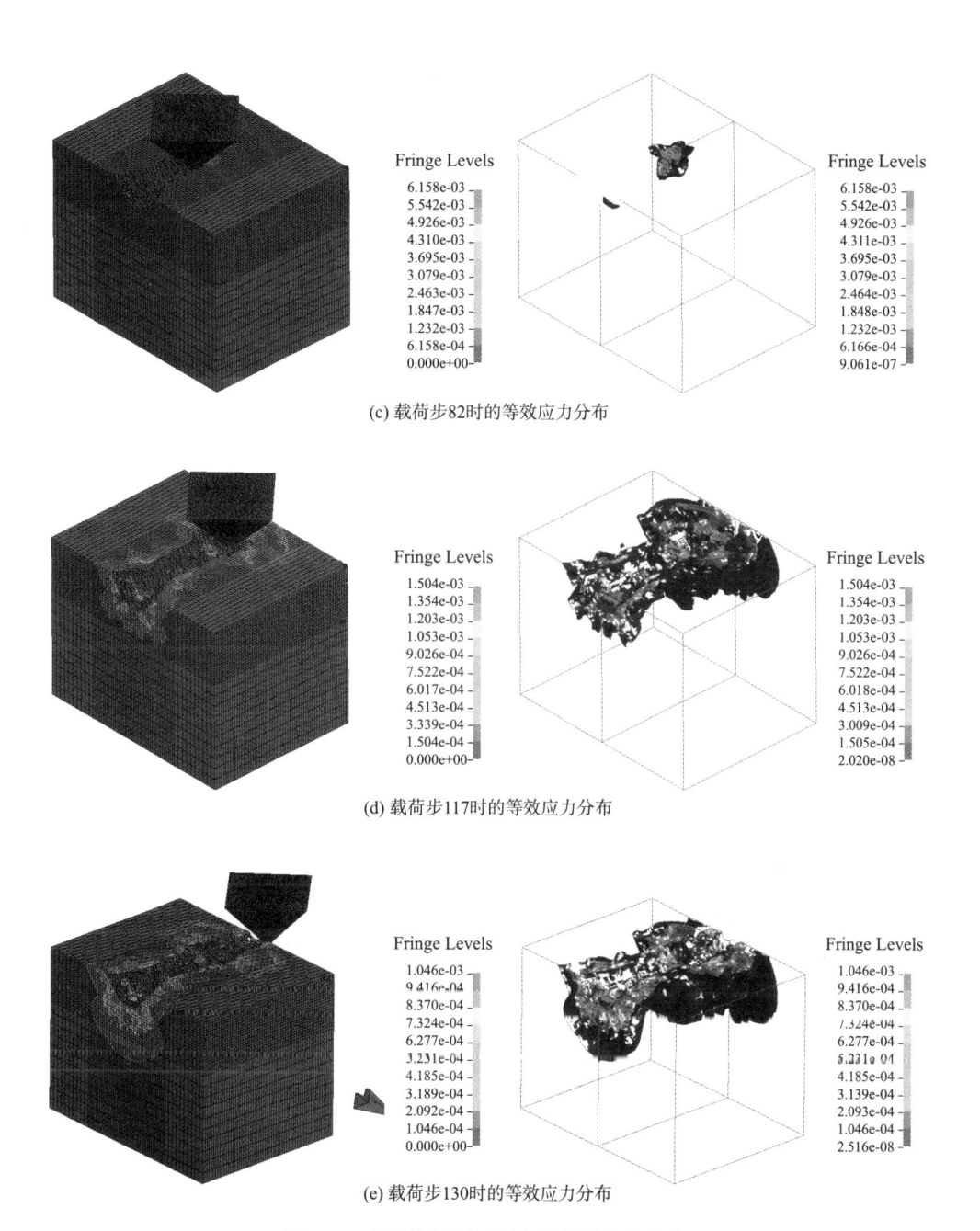

图 3.5 花岗岩切削过程中的等效应力分布

3.4.2 切削过程中切削力的变化情况

图 3.6 是对于采取上述加工参数对花岗岩材料模型进行微观切削时,得到的切削力随时间的动态变化曲线。从图中可知,切削力是波动变化的,这也是花岗岩等硬脆性材料在切削过程中的基本特征。由于颗粒切入速度较快,导致金刚石颗粒与花岗岩刚接触时动态冲击力大,使得切削力突然增大;稳定切削后,在颗粒尖端局部区域形成压实核,并在其周围生成大量微裂纹,这些微裂纹不断向四周扩展,使得在切削方向上不断发生小范围的花岗岩破碎现象,导致切削力在一定范围内上下波动;当花岗岩材料受到的等效应力超过其断裂强度时,尖端局部区域的微裂纹与其他方向上的微裂纹扩展贯通形成断裂裂纹延伸到花岗岩表面发生大体积的花岗岩破碎,压实核也会被破碎,随碎屑一起挤出或者破碎形成凹坑。破碎的单元在计算过程中被删除,被删除的单元不影响金刚石颗粒的运动,切削力在很短的时间内保持为零,直到颗粒与花岗岩再次发生动态接触,这种动态切削过程是一个不断循环往复的过程。

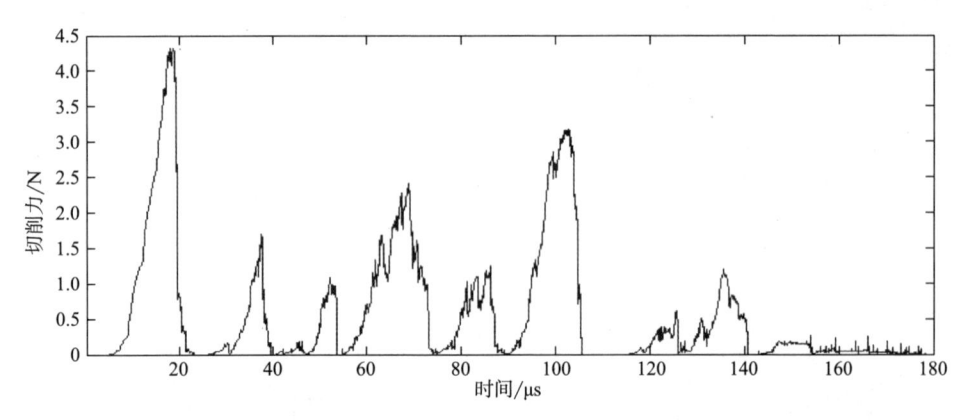

图 3.6 切削力随时间的动态变化曲线

3.4.3 颗粒切入形式对切削性能的影响

按照表 3.3 所示的加工参数值,选取颗粒切入角度 $\alpha = 0°$、切削速度 $v = 4\text{m/s}$、切削深度 $d = 50\mu\text{m}$ 不变的条件下,依次改变颗粒的切入形式(棱边、斜面、正面),得到切削力随颗粒不同切入形式的动态变化曲线,如图 3.7 所示。从图中可知,通过计算得到棱边切入时切削力最大,其次是斜面切入,最后是正面切入,这是因为切削力与颗粒和花岗岩材料的接触面积有良好的线性关系,采取棱边切入时颗粒两侧与花岗岩的接触面积最大，而采取正面切入时颗粒与花岗岩的接触面积最小。图 3.8 所示为在相同切削参数下采取不同的颗粒切入形式对花岗岩进行切削时，花岗岩模型的断裂破碎效果图。结合图 3.7 和图 3.8 可知，采取棱边切入时虽然切削力较大，但花岗岩的破碎效果最好；采取正面切削时花岗岩的破碎效果最差。且采取棱边切入时，在切削完成后花岗岩模型表面会留有较大范围的残余应力，降低了花岗岩抵抗变形的能力，有利于后续颗粒的顺次切削，为颗粒连续切削创造了有利条件。

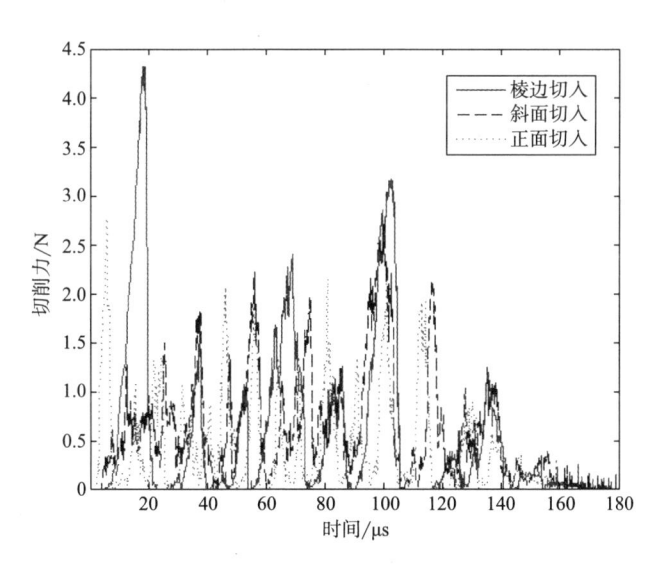

图 3.7　切削力随颗粒切入形式的变化曲线

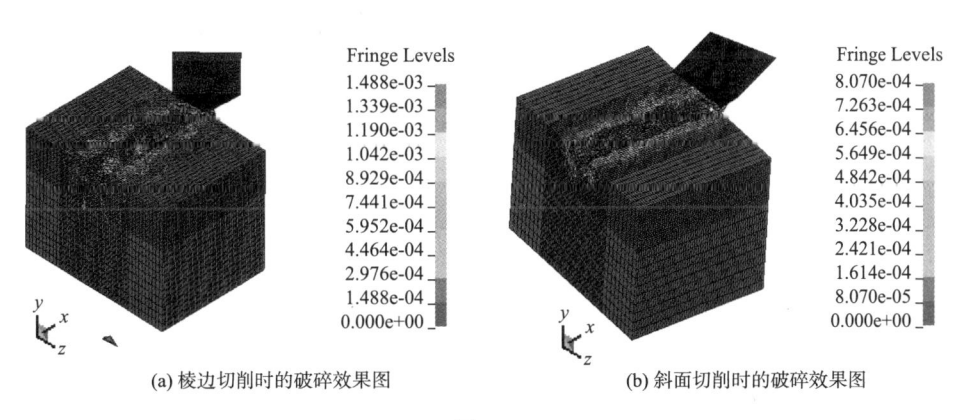

(a) 棱边切削时的破碎效果图　　　(b) 斜面切削时的破碎效果图

图 3.8

▶ 花岗岩加工机理及加工效能研究

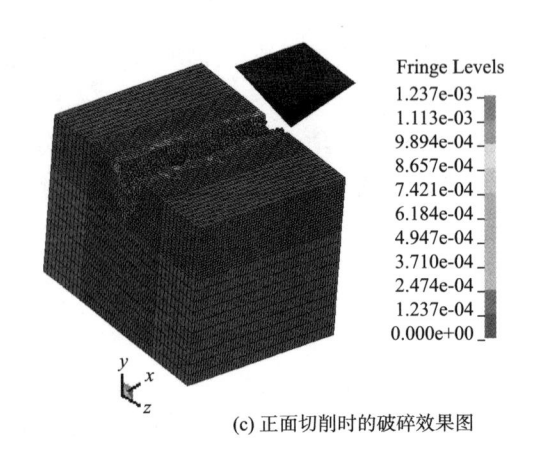

(c) 正面切削时的破碎效果图

图 3.8　不同颗粒切入方式下花岗岩的破碎效果图

3.4.4　颗粒切入角度对切削性能的影响

Evans、Nishimatsu Y、Goktan、Roxborough 等根据岩石不同断裂形式所提出的理论力学模型及切削力估算公式进行整理，并根据相关试验数据对切削力估算公式进行优化改进，推导出的切削力估算公式较为符合花岗岩等硬脆性材料的铣削加工。根据颗粒的几何参数、花岗岩材料的力学参数和加工参数，得到铣削过程中的理论切削力数值。单颗粒以不同切入角度切削时的理论切削力如表 3.4 所示。

表 3.4　切削过程中的理论切削力

切削前角 $\alpha/(°)$	切削深度 $d/\mu m$	内摩擦角 $\varphi/(°)$	棱锥半锥顶角 $\theta/(°)$	抗压强度 σ_c/MPa	切削力 F/N
30	50	35	45	154	0.917
15	50	35	45	154	1.352
0	50	35	45	154	1.960
−15	50	35	45	154	2.878
−30	50	35	45	154	4.480

由表 3.4 中数据可知，选择颗粒以棱边切入、切削深度 $d=50\mu m$，切削速度 $v=4m/s$ 不变的情况下，分别改变颗粒的切入角度前角 α（−30°、−15°、0、+15°、+30°），通过数值仿真得到不同颗粒切入角度下切削力随时间的动态变化曲线，如图 3.9 所示。根据 Matlab 数值计算软件得到切削过程中的平均峰值切削力，并与理

44

论切削力计算结果进行比较，如表 3.5 所示。从表 3.5 中数据可知，其相对误差不超过 10%，从理论模型中验证了数值模型的可靠程度。

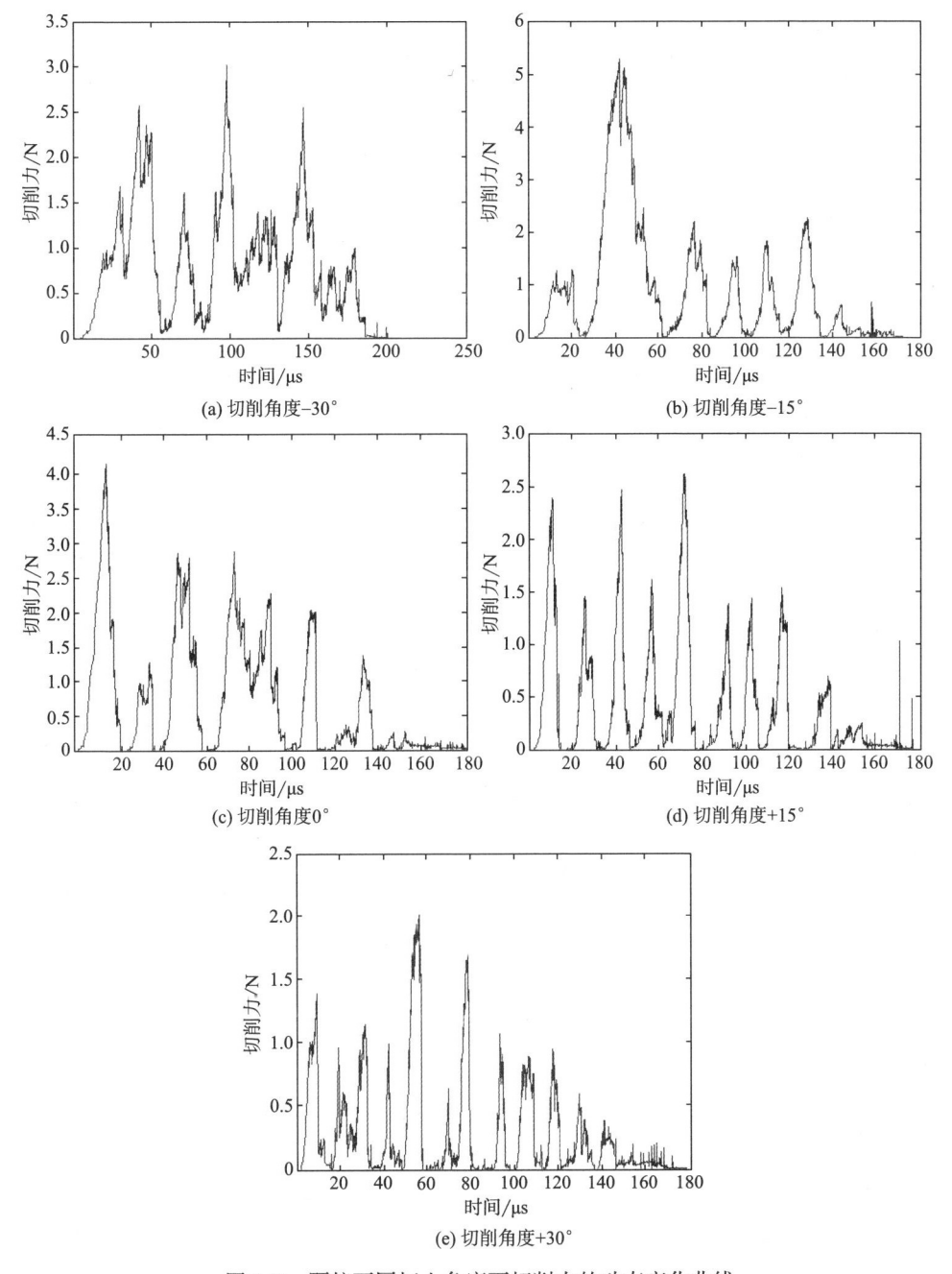

(a) 切削角度-30°

(b) 切削角度-15°

(c) 切削角度0°

(d) 切削角度+15°

(e) 切削角度+30°

图 3.9 颗粒不同切入角度下切削力的动态变化曲线

花岗岩加工机理及加工效能研究

表 3.5 切削力数值对比分析

加工参数	切入角度 α/(°)	理论切削力 F/N	数值模拟切削力 F/N	相对误差/%
切削深度 $d=50\mu m$	+30	0.917	0.949	3.49
切削速度 $v=4m/s$	+15	1.352	1.218	9.91
内摩擦角 $\varphi=30°$	0	1.960	2.078	6.02
棱锥半锥顶角 $\theta=45°$	−15	2.878	2.593	9.90
抗压强度 $\sigma_c=154MPa$	−30	4.480	4.238	5.40

图 3.10 为颗粒不同切入角度下切削力的变化关系曲线。从图中可知，数值模拟与理论估算有较好的一致性，当颗粒切入角度 α 由负到正依次增加时切削力逐渐减少，并具有一定的规律性：当颗粒切入角度 α≤−30°时，曲线的斜率极大，颗粒切入角度的微小变化都会对切削力产生剧烈的影响；当切入角度−30°<α≤+15°时，曲线斜率较大，切入角度的变化对切削力的影响较大；当切入角度+15°<α≤+30°时，曲线斜率较小，切入角度变化时对切削力的影响不大；当切入角度 α>+30°时，曲线趋于一条直线，切入角度的变化对切削力没有影响，此时切削力几乎不变。

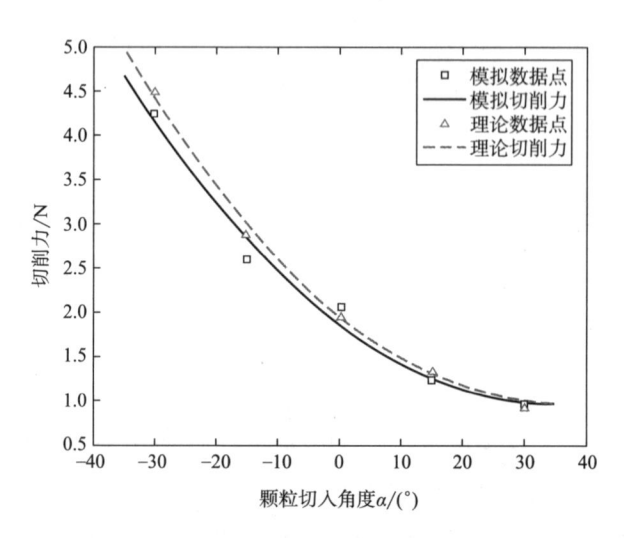

图 3.10 切削力随切入角度的变化关系

3.4.5 切削深度对切削性能的影响

根据文献中提出的切削的估算公式，可计算得出颗粒切削花岗岩时不同深度值下的理论切削力（表3.6）。

表 3.6 不同切削深度下的理论切削力

切削深度 $d/\mu m$	切削前角 $\alpha/(°)$	内摩擦角 $\varphi/(°)$	棱锥半锥顶角 $\theta/(°)$	抗压强度 σ_c/MPa	理论切削力 F/N
17	30	35	45	154	0.250
21	30	35	45	154	0.324
26	30	35	45	154	0.419
33	30	35	45	154	0.557
41	30	35	45	154	0.734
50	30	35	45	154	0.917

对于花岗岩铣削加工中切削深度对切削力的影响规律，按表3.3所示的加工参数，颗粒以棱边切入，切入角度 $\alpha=+30°$、切削速度 $v=4m/s$ 不变的条件下，依次改变切入花岗岩材料模型的深度值 d（17μm、21μm、26μm、33μm、41μm、50μm），得到切削力在不同深度下随时间的动态变化曲线，如图3.11所示。采取Matlab数值计算软件得到不同深度值下的平均峰值切削力，与理论切削力估算结果进行对比分析，如表3.7所示。从表3.7中数据可知，其相对误差不超过10%，这在一定程度上验证了数值模拟模型的可靠性。

(a) 切削深度17μm

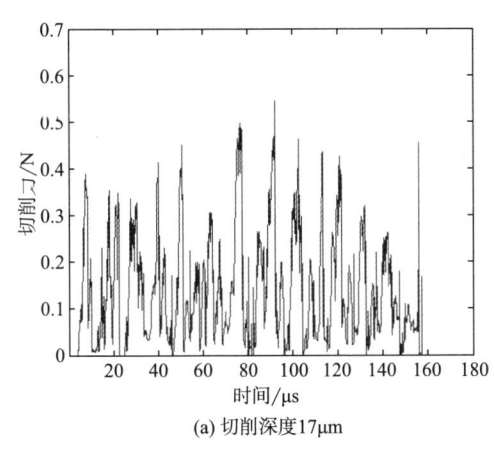

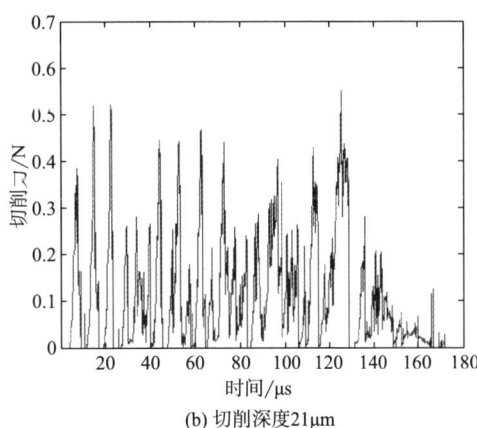

(b) 切削深度21μm

图 3.11

(c) 切削深度26μm

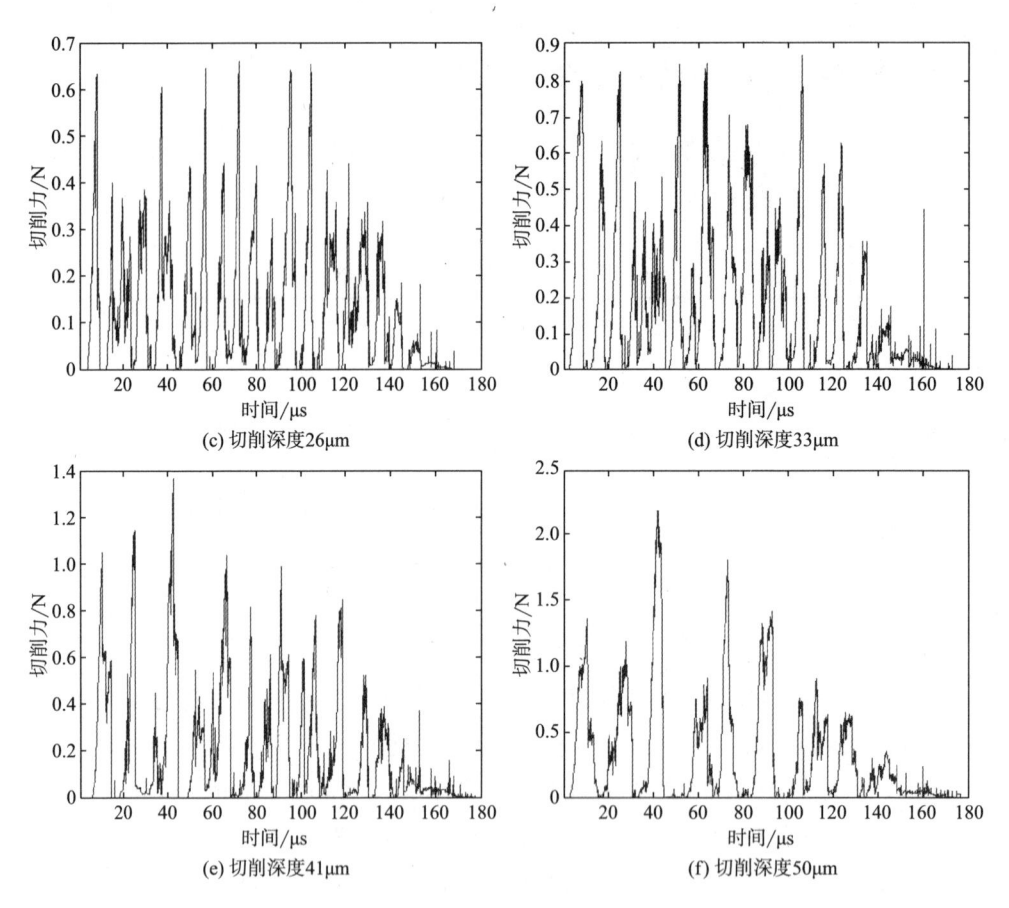

(d) 切削深度33μm

(e) 切削深度41μm

(f) 切削深度50μm

图 3.11 切削力随切削深度的动态变化曲线

表 3.7 单颗粒不同切削深度下的切削力数值对比分析

加工参数	切削深度 $d/\mu m$	模拟数值 F/N	理论数值 F/N	相对误差/%
	17	0.273	0.250	9.20
颗粒切入角度 $\alpha=+30°$	21	0.336	0.324	3.70
切削速度 $v=4m/s$	26	0.422	0.419	0.72
内摩擦角 $\varphi=35°$	33	0.546	0.557	1.97
棱锥半锥顶角 $\theta=45°$ 抗压强度 $\sigma_c=154MPa$	41	0.756	0.734	3.00
	50	0.949	0.917	3.49

切削力随深度值的变化曲线如图 3.12 所示。从图 3.12 中可知，数值模拟与理论计算结果有较好的一致性，随着切削深度增加花岗岩材料所受应力逐渐增加，当

超过其屈服强度极限时受力区域会萌生出径向/中间裂纹，向花岗岩深部扩展贯通，并在满足一定条件时产生横向裂纹，径向/中间裂纹与横向裂纹共同作用导致花岗岩发生断裂破碎，并发生一定程度的亚损伤。图 3.13 所示为不同切削深度下花岗岩表面的亚损伤程度。从图 3.13 中可知，当深度值为 17μm 时，模型表面的平均亚损伤度为 40μm 且损伤范围小；当深度值为 50μm 时，模型表面的平均亚损伤度达到 100μm，此外，模型存在较大程度的损伤，其表面加工质量较差。大量文献研究表明，当切削深度由塑性耕犁转变为脆性切削时，花岗岩表面加工质量最好，因此，确定花岗岩铣削过程中临界切削深度就变得相当重要。塑性耕犁阶段，在颗粒的作用下花岗岩材料会产生大量的微裂纹，但由材料自身特性和颗粒的冲击作用较小等原因，微裂纹不会扩展到花岗岩的表面，使得切削力在一定范围内上下波动；脆性断裂破碎阶段，花岗岩材料上所产生的微裂纹扩展贯通到材料表面，发生大面积的断裂破碎现象，在很短的时间内切削力可能保持为零。从图 3.11、图 3.13 可得，切削深度在 26~41μm 范围内，加工效率较好。

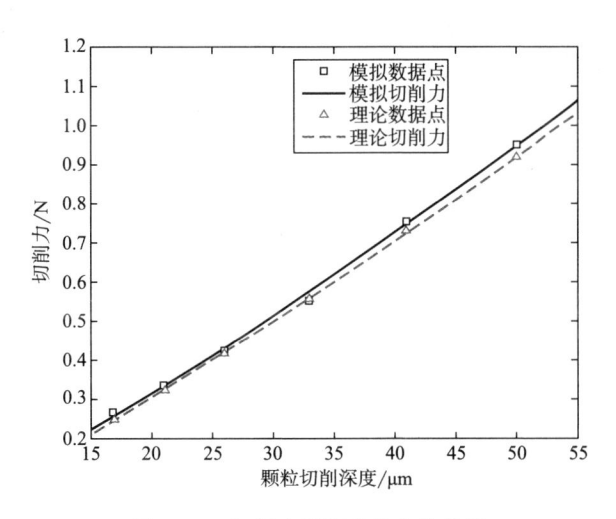

图 3.12 切削力随深度的变化曲线

3.4.6 切削速度对切削性能的影响

按表 3.3 所示的切削参数，选择颗粒以棱边切入，切入角度 $\alpha = +30°$、切削深度 $d = 50$μm 不变的情况下，依次改变切削速度 v（2m/s、2.5m/s、3m/s、3.5m/s、4m/s、4.5m/s、5m/s、10m/s、20m/s），得到在不同速度值下切削力随时间的动态变化曲线，如图 3.14 所示。

▶ 花岗岩加工机理及加工效能研究

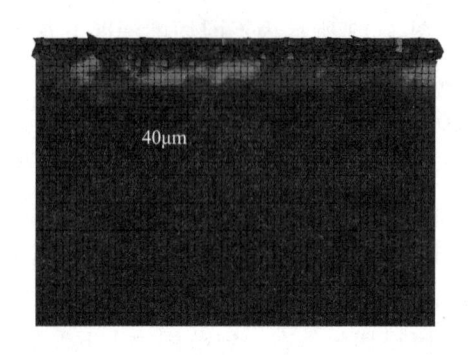

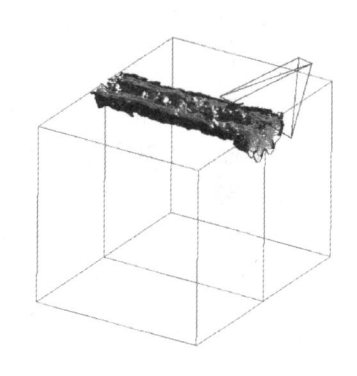

(a) 切削深度为17μm时花岗岩表面的亚损伤程度

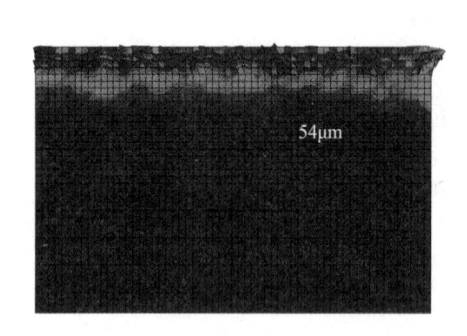

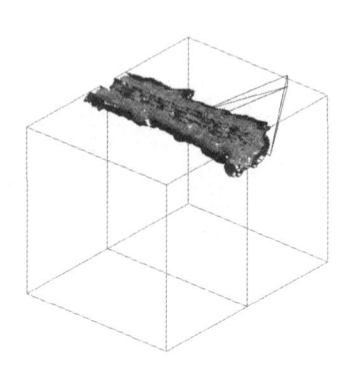

(b) 切削深度为21μm时花岗岩表面的亚损伤程度

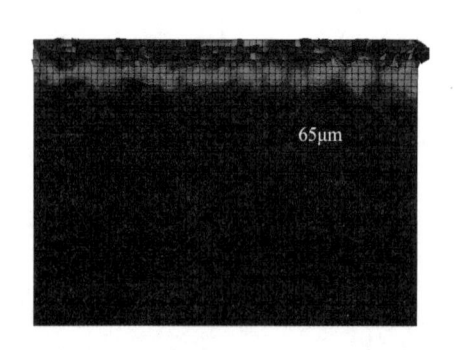

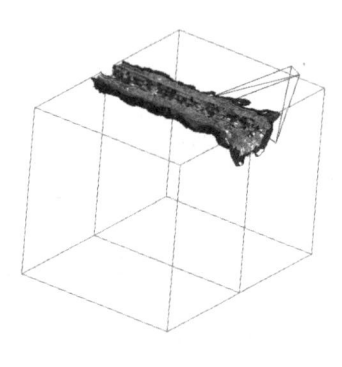

(c) 切削深度为26μm时花岗岩表面的亚损伤程度

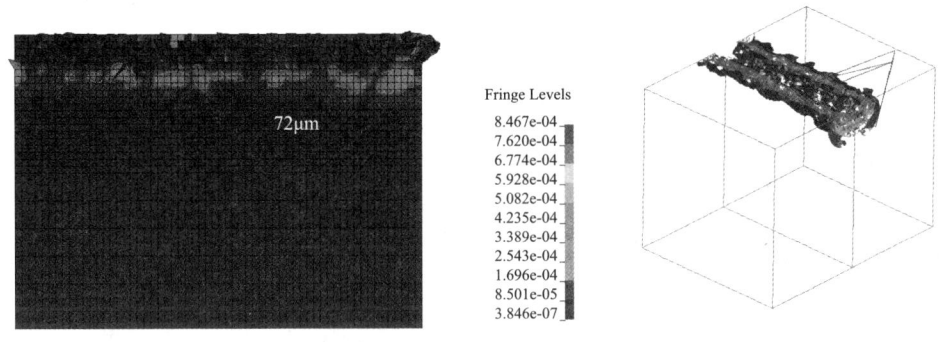

(d) 切削深度为33μm时花岗岩表面的亚损伤程度

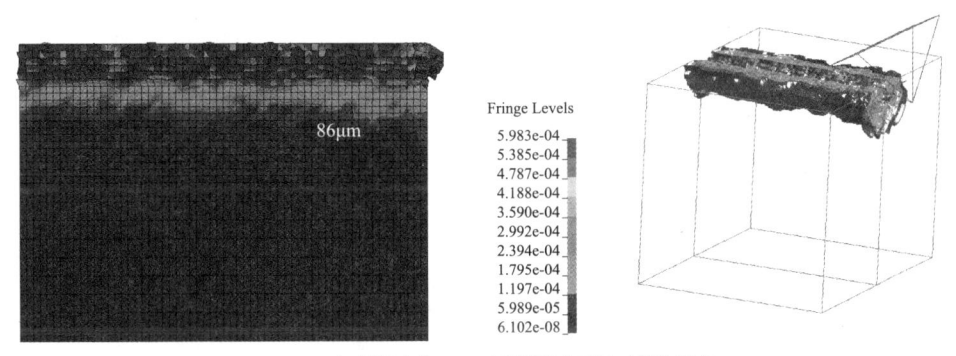

(e) 切削深度为41μm时花岗岩表面的亚损伤程度

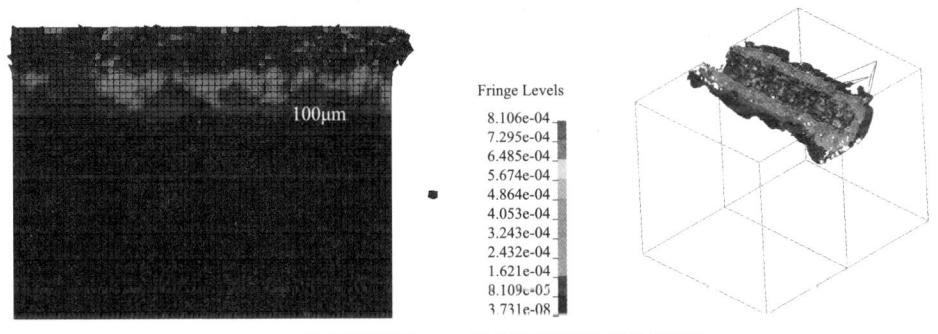

(f) 切削深度为50μm时花岗岩表面的亚损伤程度

图3.13 花岗岩试件表面亚损伤程度

对图 3.14 中数据进行整理分析,得到不同切削速度下的平均峰值切削力,如图 3.15 所示。从图中可以,在 $2m/s \leqslant v \leqslant 5m/s$ 时,切削力的变化幅度较小,均在 0.95N 左右;当速度 $v \geqslant 10m/s$ 时切削力才会逐渐发生显著变化。而在实际的花岗岩铣削加工中,金刚石铣刀的切削速度一般为 $2 \sim 5m/s$。所以在花岗岩铣削加工过程中,一般不考虑切削速度对切削力的影响。

▶ 花岗岩加工机理及加工效能研究

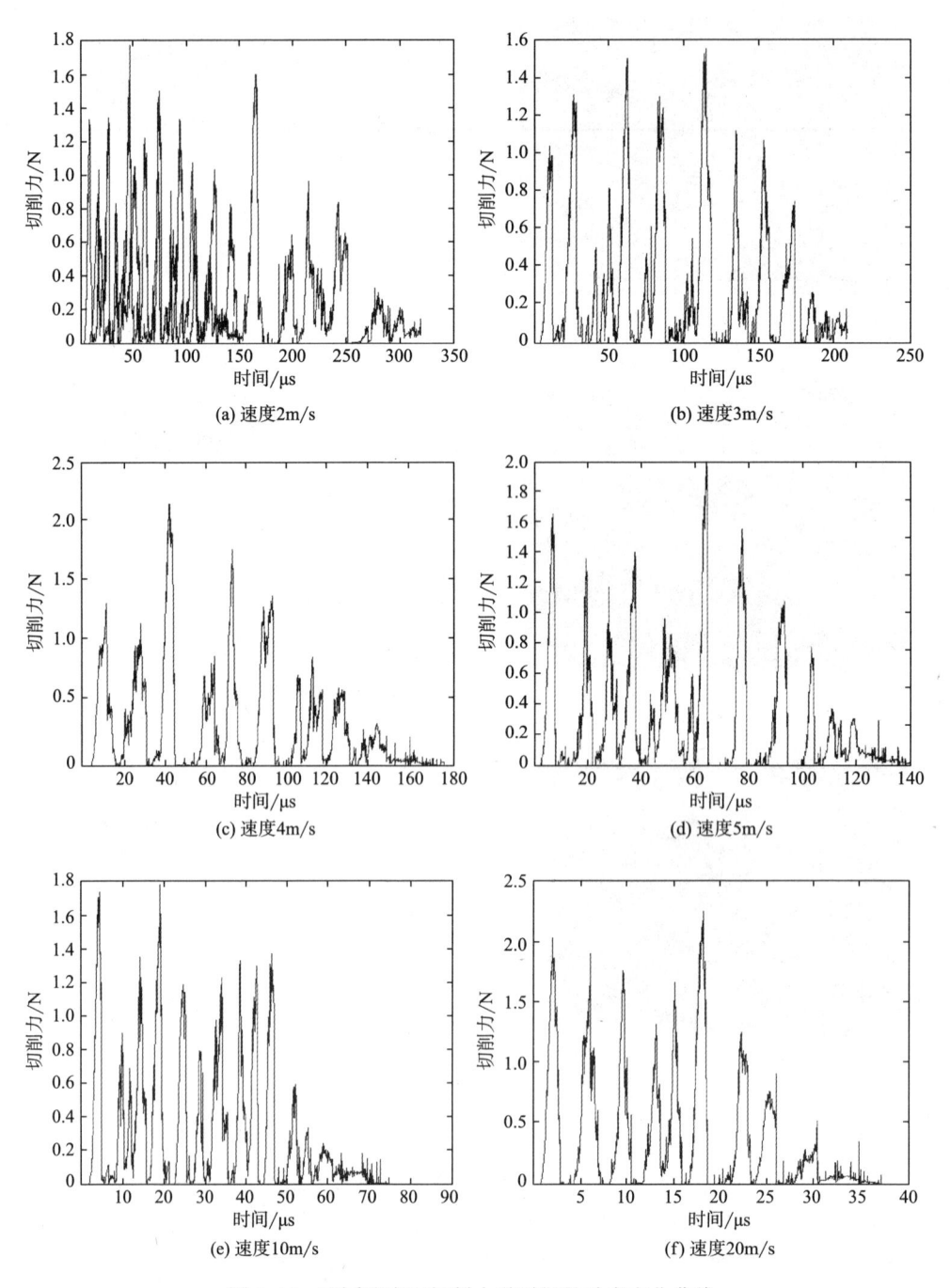

(a) 速度2m/s

(b) 速度3m/s

(c) 速度4m/s

(d) 速度5m/s

(e) 速度10m/s

(f) 速度20m/s

图 3.14　不同速度下切削力随时间的动态变化曲线

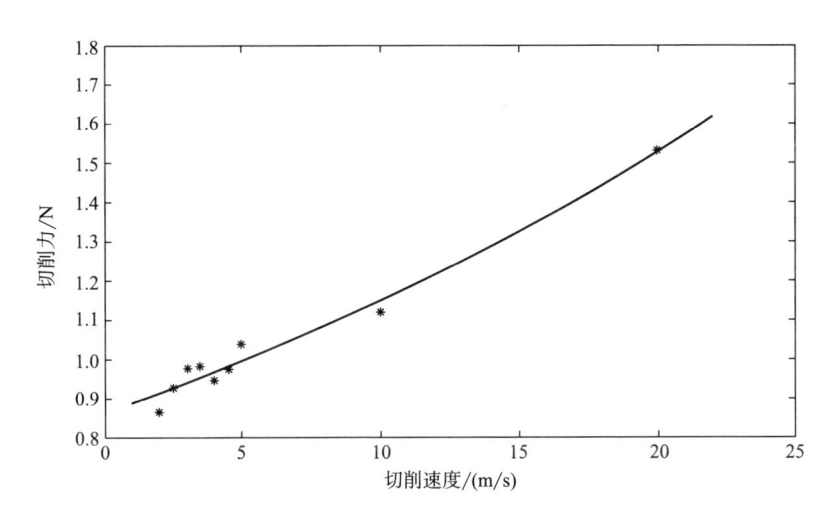

图 3.15 切削力随切削速度的变化关系曲线

3.5 颗粒顺次切削数值仿真结果分析

花岗岩铣削加工实际上就是刀具上的金刚石颗粒连续切削花岗岩的微观过程，因此，在单金刚石颗粒切削的基础上，研究金刚石颗粒顺次切削花岗岩时不同的切削深度及速度对切削性能的影响规律，能够较为真实地反映实际的切削过程。对于加工参数的选择，选取表 3.3 所示的切削深度和速度值。

3.5.1 颗粒顺次切削时的动态特性分析

图 3.16 为金刚石颗粒以棱边切入，切入角度 $\alpha = +30°$，切削深度 $d = 50\mu m$，速度 $v = 4m/s$ 的条件下，顺次切削花岗岩模型时的等效应力分布云图，其等效应力变化情况与单颗粒切削基本相似 [图 3.16（a）]。从图中可知，当第一次切削完成后在花岗岩模型表面留有较大范围的残余应力 [图 3.16（b）]，为顺次切削的金刚石颗粒创造了有利的切削条件；第二颗金刚石颗粒与花岗岩接触后，会重复第一次的动态切削过程，然而，由于顺次切削时切削深度和接触面积都有所增加，导致切削完成后在花岗岩加工表面留下更大范围内的残余应力 [图 3.16（c）]。此外，在切削过程中当花岗岩受力超过其强度极限时会发生断裂破碎，会有岩屑崩碎飞出现象 [图 3.16（d）（e）]，但是对于动态切削过程中微裂纹的扩展贯通效果则不太理想，只能由等效应力分布情况来分析花岗岩表面的亚损伤程度。

▶ 花岗岩加工机理及加工效能研究

(a) 载荷步6时的等效应力分布

(b) 载荷步46时的等效应力分布

(c) 载荷步52时的等效应力分布

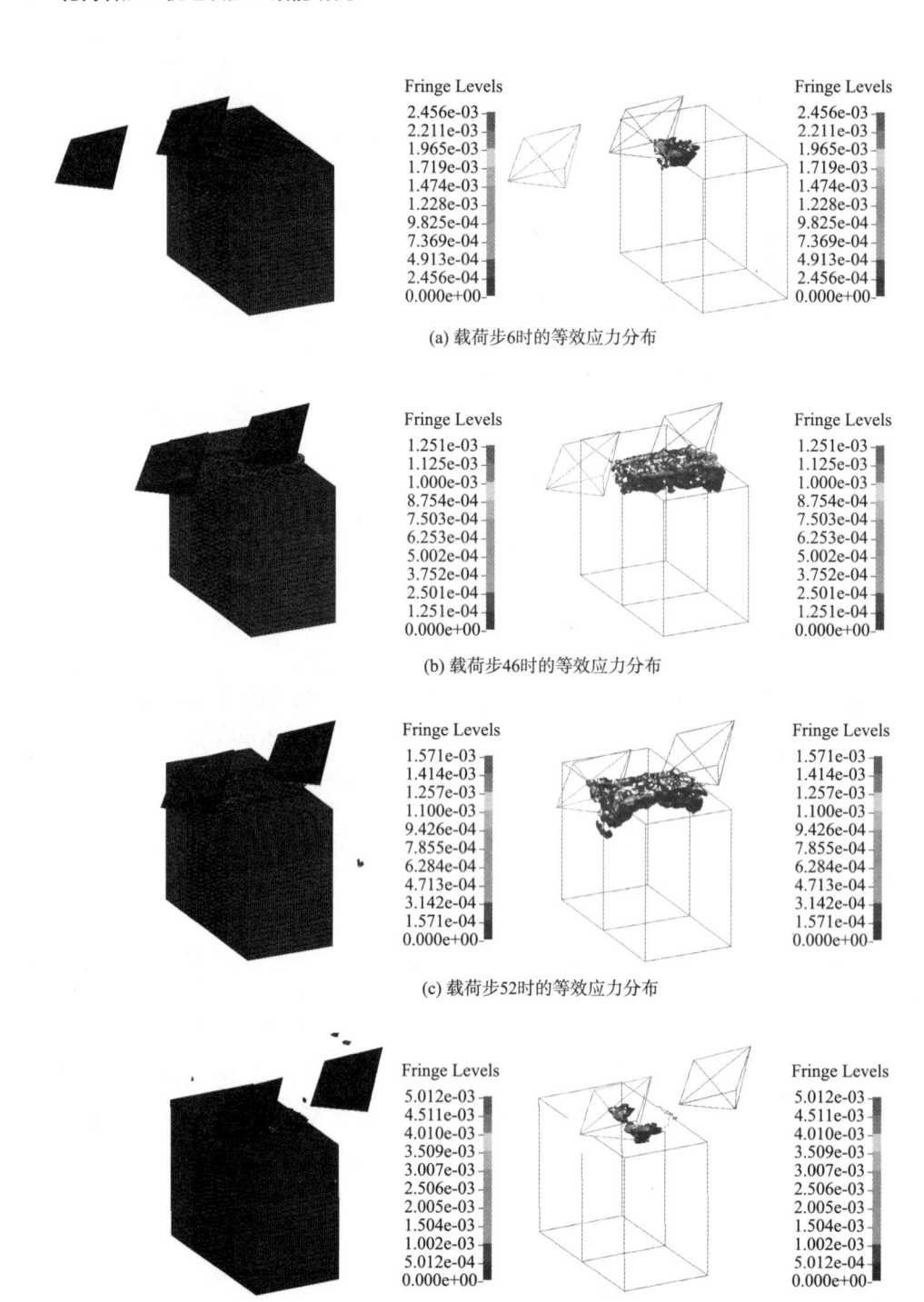

(d) 载荷步68时的等效应力分布

54

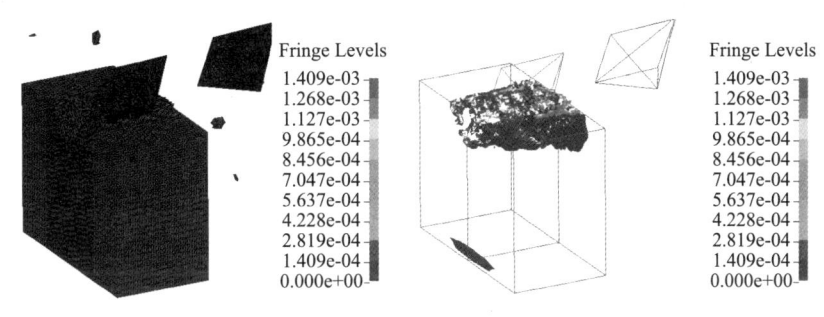

(e) 载荷步92时的等效应力分布

图 3.16　顺次切削时花岗岩的等效应力分布云图

图 3.17 为采取上述加工参数条件下颗粒顺次切削花岗岩时切削力随时间的动态变化曲线。从图 3.17 中可知，第二次切削时切削力的波动频率远高于第一次切削时切削力的波动频率，这是因为第一颗金刚石颗粒完成切削后，在花岗岩加工表面留下较大范围的残余应力［图 3.16（b）］，使花岗岩抵抗变形能力降低，微裂纹的扩展贯通能力增强，这为颗粒的顺次切削创造了有利条件；在第二次切削过程中花岗岩发生小体积断裂破碎的频率更加频繁，导致切削力在一定范围内的波动频率更快。由于顺次切削过程中微裂纹很少能够扩展贯通延伸到花岗岩模型表面，发生大面积的花岗岩断裂破碎现象，因此，与第一次切削相比，顺次切削时切削力在较短时间内保持为零的频率较低。

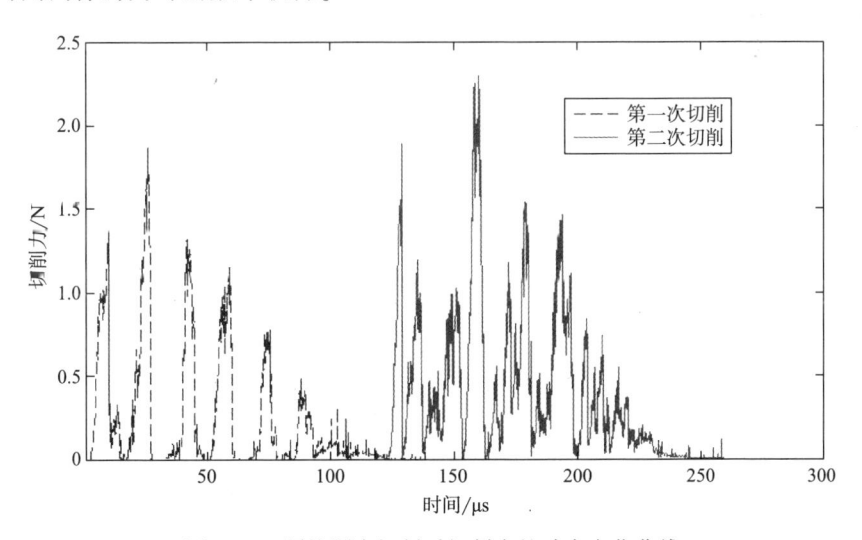

图 3.17　颗粒顺次切削时切削力的动态变化曲线

3.5.2 颗粒顺次切削时切削深度对切削性能的影响

图 3.18 是颗粒以棱边切入，切入角度 $\alpha = +30°$，速度 $v = 4\mathrm{m/s}$ 不变的条件下，依次改变不同深度值时第一次切削后花岗岩表面的残余应力分布情况。从图 3.18 中可以看出，随着切削深度的增加，当第一次切削完成后花岗岩表面的残余应力逐渐增大。图 3.19 为不同切削深度下切削力随时间的动态变化曲线。对不同深度值下的动态切削力进行整理分析，得到不同深度值的平均峰值切削力，如图 3.20 所示。从图 3.19 和图 3.20 中可知，当切削深度较低时，金刚石颗粒与花岗岩的接触面积较少，花岗岩加工表面留有大量的残余应力使第二颗颗粒的切削力有所减少。随着切削深度的增加，金刚石颗粒与花岗岩的接触面积增大。当切削深度达到 33μm 时，颗粒与花岗岩的接触面积对切削力的影响大于残余应力对切削力的影响，使顺次切削时切削力有所增加；当切削深度继续增加时，与第一次切削相比，第二颗颗粒的切削力变化非常明显。颗粒的顺次切削模型可以很好地模拟金刚石颗粒两侧与花岗岩的接触面积对切削力的影响，比二维数值模型更接近实际的切削过程。

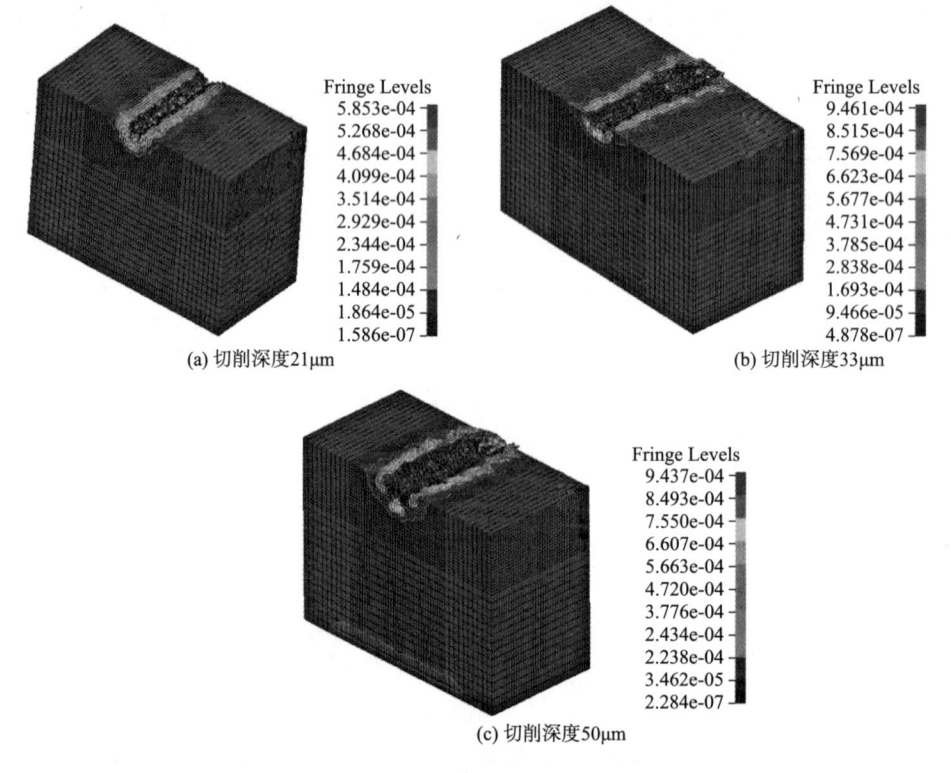

(a) 切削深度21μm

(b) 切削深度33μm

(c) 切削深度50μm

图 3.18 第一颗颗粒完成切削时花岗岩的残余应力

(a) 切削深度为21μm时切削力的动态变化曲线

(b) 切削深度为33μm时切削力的动态变化曲线

(c) 切削深度为50μm时切削力的动态变化曲线

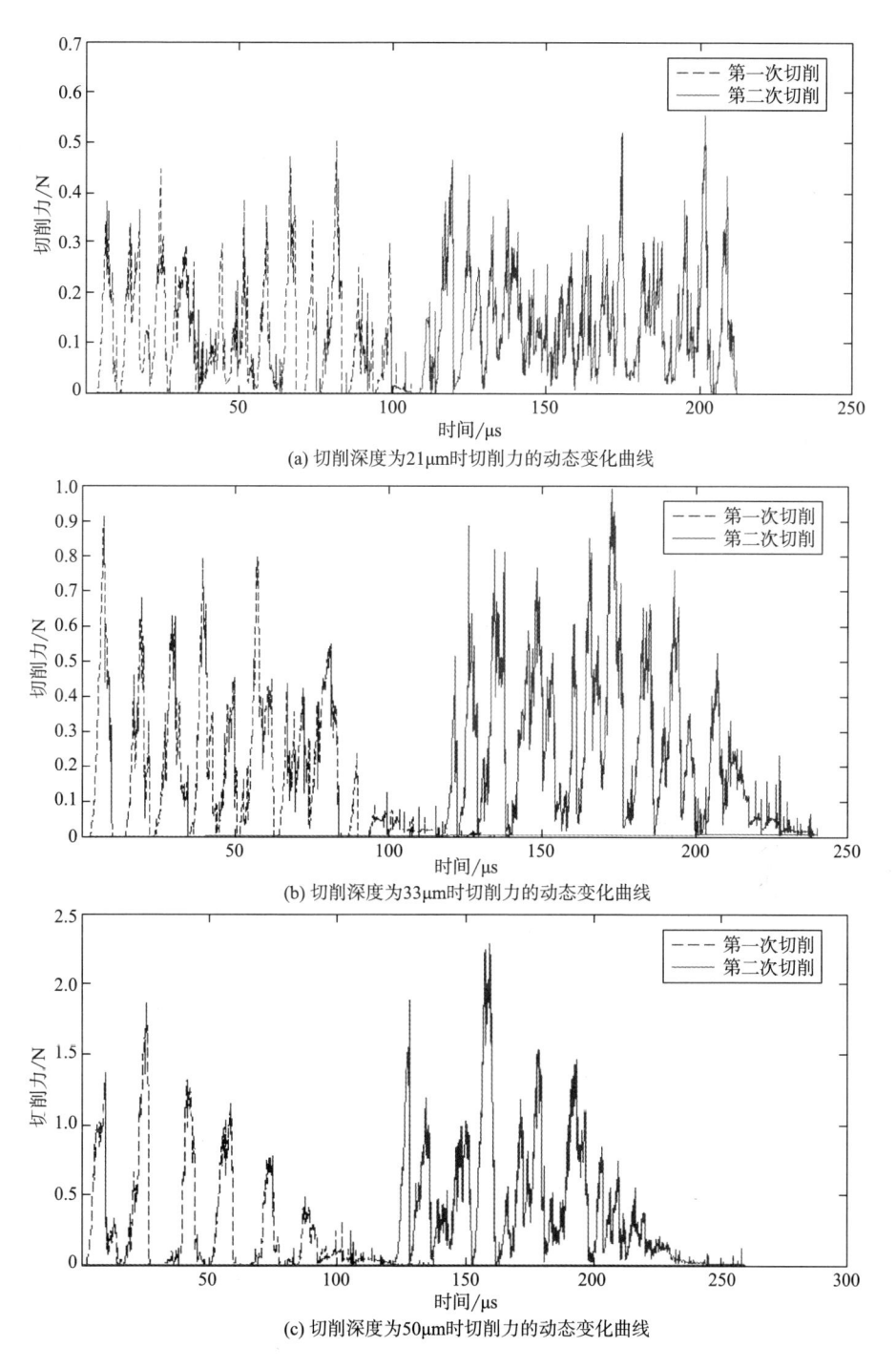

图 3.19 部分切削深度值下切削力随时间的动态变化曲线

▶ 花岗岩加工机理及加工效能研究

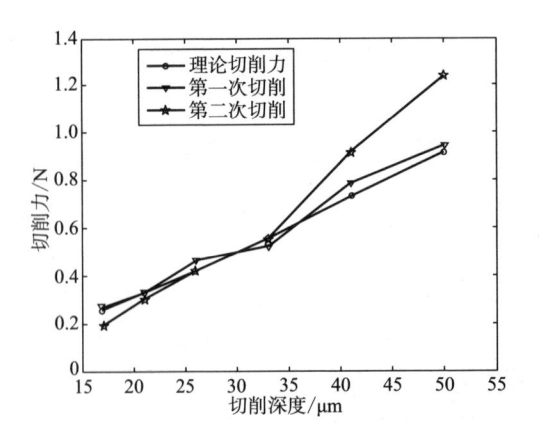

图 3.20　不同深度值下切削力的变化关系

3.5.3　颗粒顺次切削时切削速度对切削性能的影响

按表 3.3 所示的加工参数，当颗粒以棱边切入，切入角度 $\alpha = +30°$，深度 $d = 50\mu m$ 不变的情况下，依次改变速度值（2m/s、2.5m/s、3m/s、3.5m/s、4m/s、4.5m/s、5m/s、10m/s、20m/s）对花岗岩材料模型进行顺次切削，得到不同速度值的平均峰值切削力，如图 3.21 所示。从图中可知，在不同的切削速度下，第一次切削与顺次切削时切削力的变化趋势具有一致性，当切削速度在 2~5m/s，速度的变化对切削力影响不大，只有当速度大于 10m/s 时，切削力才会逐渐增大。而实际铣削过程中刀具的切削速度一般不超过 5m/s，因此，在实际铣削过程中一般不考虑切削速度对切削性能的影响规律。

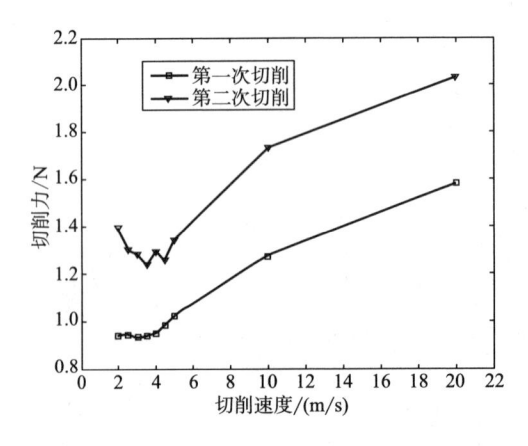

图 3.21　顺次切削不同速度下切削力的变化关系曲线

第4章 压、划痕试验研究

4.1 概述

大量研究表明，花岗岩铣削过程中径向/中间裂纹和横向裂纹是导致其发生断裂破碎的主要原因。当金刚石颗粒的切削深度或压头的压入深度达到某一数值时，花岗岩的去除形式会由塑性变形转变为脆性断裂，因此，可以引入压痕技术研究花岗岩断裂破碎机理。压痕试验中压头仅在法向方向上对花岗岩试件有载荷作用，压头与试件间缺乏相对运动，因此，压痕技术并不能准确描述动态切削过程中花岗岩的断裂破碎机理。利用划痕技术使压头作用于花岗岩试件表面，并在划痕方向上实现压头按规定速度对花岗岩试件的连续划痕，记录划痕过程中压头与试件间的相互作用力，观察划痕深度以及表面加工质量。

上述两章的研究是在理想条件下数值模拟了金刚石颗粒对花岗岩的微观切削过程，仿真中只采用了单一的材料力学参数描述花岗岩模型，而实际铣削加工中花岗岩种类繁多且材料力学特性也较为复杂。因此，本章对不同种类的花岗岩试件进行划痕试验以验证数值模型的可靠程度，并结合仿真结果深入研究铣削加工中花岗岩的脆塑性变形、去除机理、表面亚损伤程度以及残余应力分布情况。

4.2 压痕试验

4.2.1 试验设备

压痕试验仪器选用 HV-1000 显微硬度计，如图 4.1 所示。该仪器主要用于测量细小、微薄、表面涂层金属试件的显微硬度，也可更换压头对石材、玻璃、陶瓷等硬脆件进行压痕试验。采用高倍率光学测量系统和光电传感器技术；测量装置可与压头自由转换，实现压痕形貌的显微观察；并在液晶显示屏上显示出测试方法、试验力、试验力保持时间；通过输入面板可调整试验力的保持时间、硬度转换方式、试验点的光源亮度；输入压痕区域径向裂纹长度，可按照设定标准自动得出测试点的显微硬度值。

由于HV-1000显微硬度仪的测量系统难以对压痕形貌进行更加精确的观测，因此，利用VHX-1000超景深三维显微系统的高倍数镜头组对其进行显微观测，如图4.2所示。该设备具有观察、测量、保存的一体化功能；其三维显微系统镜头组可满足100~1000倍的放大要求，能够实现无级变焦；在观测物体时具有快速抑制眩光和消除表面强反射光的功能；显微系统能实现二维和三维图片的拼接功能，图像不够清晰时，采用三维合成功能以增强景深深度值；具有高清晰观察模式，配有动态分析软件、环形照明和光源适配器（暗场照明和除强光），其物理像素高于211万；二维测量时，具有高分辨率的尺寸测量功能，它可以测量距离和角度等几何参数，具有自动校正、边缘检测、计数和调焦功能；具有识别放大和自动更新标尺的功能；支持三维建模和测量、截面轮廓测量、三维体积测量和三维模拟功能。

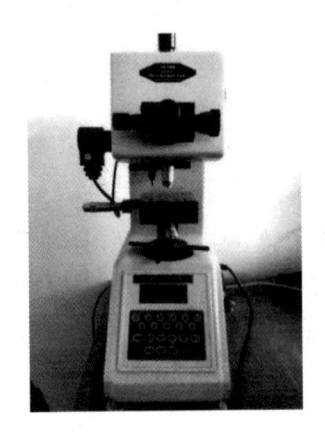

图4.1　HV-1000显微硬度计　　　　图4.2　VHX-1000超景深三维显微系统

4.2.2　花岗岩试件

花岗岩是一种粒状结晶质岩，具有质地坚硬、外貌美观、耐磨性能好、不易风化等特点，组成成分为长石、云母和黑石英。综合世界各地2000份花岗岩分析，得到花岗岩的基本物理特性（表4.1），各主要成分含量如表4.2所示。本试验选取佛岗青、石井虾红、黑金沙三种不同种类的花岗岩作为压、划痕试件，如图4.3所示。并根据花岗岩表面花纹特征与石材数据库进行对比分析，得到三种花岗岩的材料力学参数，具体参数值见表4.3。

表 4.1 花岗岩的一般物理特性

物理特性	密度/(kg/m³)	抗压强度/(kg/m²)	弹性模量/(kg/cm³)	吸水率/%	肖氏硬度	相对密度
参数	2790~3070	1000~3000	(1.3~1.5)×10⁶	0.13	>HS70	2.6~2.75

表 4.2 花岗岩中各主要成分

成分	含量/%	成分	含量/%	成分	含量/%	成分	含量/%
SiO_2	72.04	Na_2O	3.69	Fe_2O_3	1.22	P_2O_5	0.12
Al_2O_3	14.42	CaO	1.82	MgO	0.71	MnO	0.05
K_2O	4.12	FeO	1.68	TiO_2	0.30		

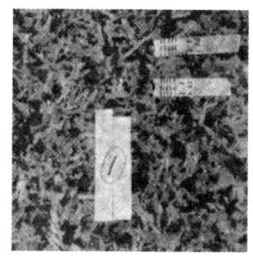

(a) 佛岗青 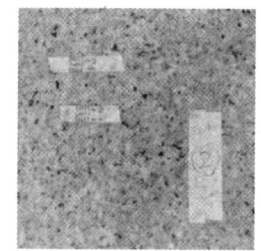　　(b) 石井虾红 　　(c) 黑金沙

图 4.3　不同类型的花岗岩

表 4.3　不同类型花岗岩的材料力学参数

编号	名称	密度/(g/cm³)	吸水率/%	抗压强度/MPa	抗折强度/MPa
1	佛岗青	2.54	0.58	158.50	24.40
2	石井虾红	2.65	0.19	139	11.5
3	黑金沙	2.97	0.19	122.6	17.4

4.2.3　试验原理及方案设计

压痕试验是指在显微硬度计下，压头按照规定的载荷作用于试件表面，并保持设定时间后卸除载荷，试验结束后利用显微系统观测压痕形貌。本试验选用型号为 HV-6 的正四棱锥金刚石压头，其相对面夹角为 136°，如图 4.4

图 4.4　金刚石压头

所示。为了对花岗岩的压痕形貌进行更加细致的观测，本试验采取载荷力数值为10N、5N，分别对三种不同种类的花岗岩进行压痕试验，由于花岗岩材料表面成分分布不均，因此，采用多点压痕试验。压痕试验结束后，利用三维显微系统对压痕形貌进行观测，并对其进行整理分析。

4.2.4 试验结果分析

图4.5为采用超景深三维显微系统对载荷力 $F = 10N$ 时不同花岗岩试件的压痕形貌图。从图4.5中可知，卸除载荷后会在花岗岩试件表面留下一个菱形压痕；在压痕区，径向裂纹一般沿着压痕的对角线方向延伸，但并不总是沿着直线发展；径向裂纹扩展方向周围产生大量横向裂纹，横向裂纹的扩展贯通导致花岗岩表面发生

(a) 佛岗青

(b) 石井虾红

(c) 黑金沙

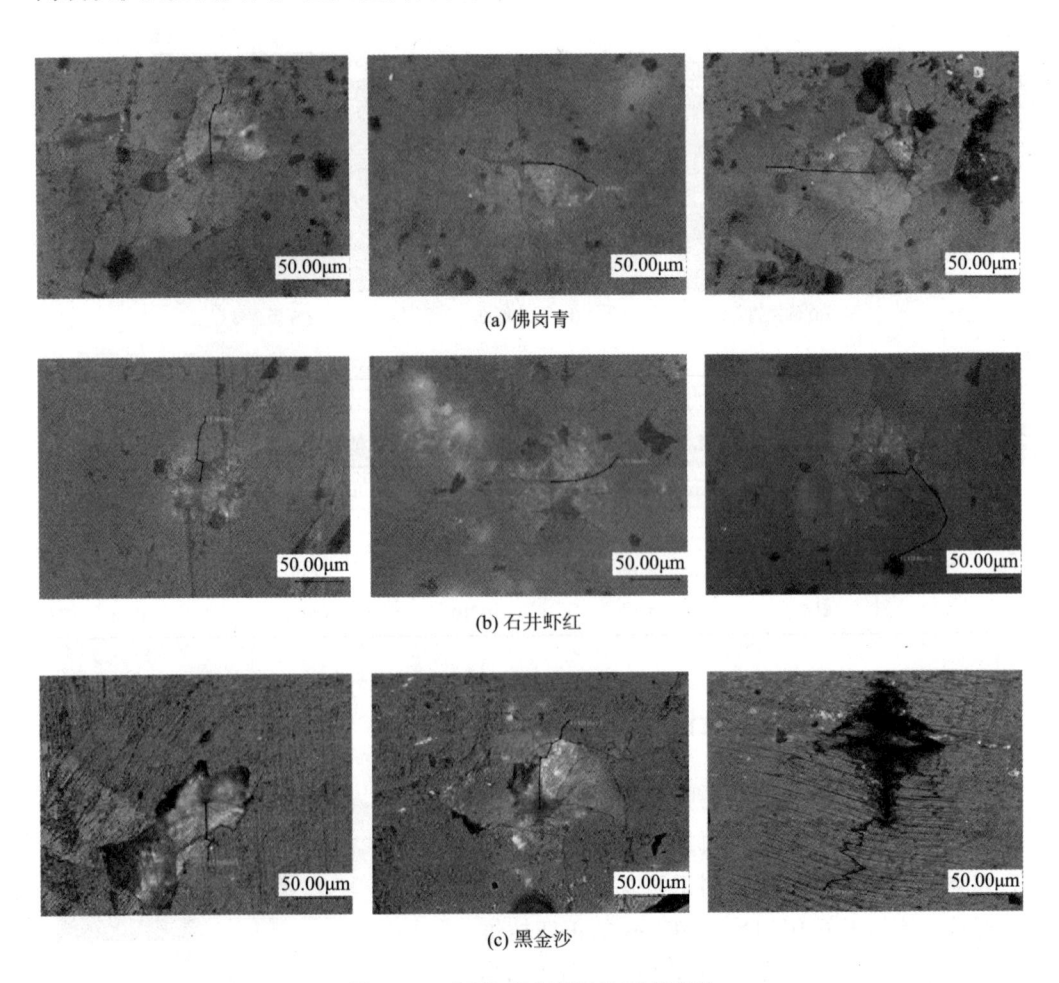

图4.5 不同类型花岗岩的压痕形貌

断裂破碎。由于花岗岩表面成分分布不均匀，会导致在同一载荷作用下径向裂纹与横向裂纹的扩展分布情况相差较大，表4.4为同一载荷作用下试件表面不同试验点径向裂纹的扩展情况。从表4.4中可知，径向裂纹扩展和花岗岩的抗压强度有密切的联系，在相同的载荷力下，1号试件（佛岗青）径向裂纹最短，其次是2号试件（石井虾红），3号试件（黑金沙）径向裂纹最长，花岗岩的抗压强度越大，径向裂纹的扩展能力就越弱；当载荷力为5N时，2号试件径向裂纹的扩展长度大于黑金沙微裂纹长度，可能是因为试验误差以及花岗岩材料分布不均导致的失真现象。从图4.5可看出，相同的载荷力下3号试件压痕形貌更大，由于抗压强度较小，黑金沙在压痕试验中更多地表现出了脆性断裂特征。

表4.4 不同类型花岗岩的径向裂纹长度

	试验点	佛岗青 10N	佛岗青 5N	石井虾红 10N	石井虾红 5N	黑金沙 10N	黑金沙 5N
径向裂纹长度/μm	1	82.11	36.38	150.85	54.38	133.08	63.26
	2	77.89	51.63	139.56	63.84	127.84	47.56
	3	73.41	42.49	140.63	49.16	62.99	65.89
	4	88.65	52.72	93.58	42.57	105.86	93.76
	5	115.16	47.78	72.86	78.94	90.58	58.12
	6	57.62	54.15	77.08	55.42	80.54	60.73
	7	102.56	49.48	177.47	43.59	263.11	44.38
	8	84.69	52.11	87.43	65.58	112.41	39.56
	9	104.68	63.61	69.98	62.76	129.87	49.29
	10	127.35	35.79	70.12	74.37	162.78	50.63
	均值	91.41	48.61	107.96	59.06	126.91	57.32

4.3 划痕试验

4.3.1 试验设备

划痕试验采用摩擦磨损机，如图4.6所示。该设备采用模块化力以及扭矩传感器，高载稳定结构设计，适合科研及工业的大范围应用。该测试系统主要用于研究各种金属、陶瓷、复合材料、块体材料、薄膜、涂层、润滑层、润滑油和润滑剂在实际工作条件下的力学性能和摩擦性能。测试标准的模块化设计可用于摩擦磨损试

▶ 花岗岩加工机理及加工效能研究

验机上各种摩擦磨损试验模块的变换,如高速往返、球盘/球盘、旋转球盘/销盘、Timken环块等;同时摩擦磨损试验机可实现原位多信号检测:摩擦力、摩擦系数、加载力、摩擦温度、扭矩、声发射、速度/频率、在线三维形貌(表面粗糙度、磨损体积/高度、拉曼光谱化学成分、三维成像等);力传感器的结构设计采用了模块互换模式,可以实现测试过程中低载荷力到高载荷力(0~5000N)的大范围检测;在测试中,平台可以在X、Y方向上同时移动,实现平台旋转和两轴的复合运动,可同时实现X、Y、Z三个方向的复杂运动轨迹。其主要技术参数见表4.5。

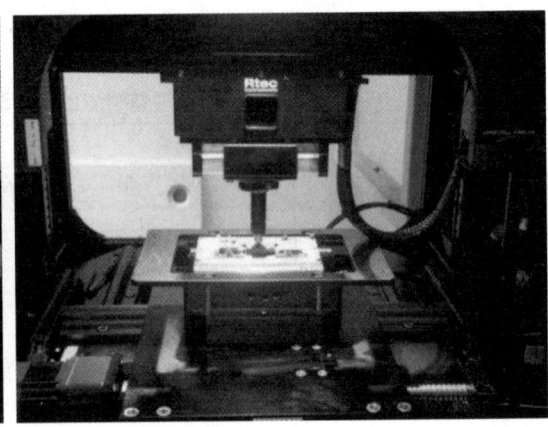

图4.6 摩擦磨损机

表4.5 摩擦磨损机主要参数

测试模式	测试设置	参数范围
测试系统	载荷范围	1μN~5000N
	选配在线原位形貌三维成像检测	
	高速线性往复运动频率	60Hz
	匀速线性往复	X向精确往复式高载线性测试平台:最大形成200mm、速度0.001~10mm/s Y向精确往复式高载线性测试平台:最大形成250mm、速度0.001~10mm/s
	销—盘、球—盘、盘—盘,旋转运动速度	0.1~5000r/min
	施力模式	恒力模式、线性增量模式、动态加载模式
加载方式	伺服机系统动态加载	

续表

测试模式	测试设置	参数范围
试验参数	原位检测	摩擦力、摩擦系数、负载、扭矩、临界载荷、表面接触电阻、电容、温度、磨损量
	各种工况模拟	球—球、球—盘、销—盘、环—块、盘—盘等

4.3.2 试验原理及方案设计

摩擦磨损机有两种加载模式，分别为恒力加载和线性增量加载。本试验为深入研究动态切削中花岗岩材料的去除机理，结合压痕试验，采用恒力加载模式。划痕过程主要分为三个阶段：预扫描阶段，主要测试试件表面形貌，选择适合的划痕路径；划痕阶段，金刚石压头按照设定的载荷值压入花岗岩试件表面，试件以线速度 v 做直线运动，实现压头与试件的相互作用过程；观测阶段，划痕试验结束后，检测出切削过程中的切削力并采用三维系统观测划痕形貌。

划痕长度为20mm，划痕过程中切削深度主要由轴向载荷进行控制，根据数值仿真中的切削工作参数、压痕试验以及摩擦磨损机的技术参数范围，采用单因素法进行研究分析，选取的轴向载荷分别为：5N、7N、9N、11N、13N、15N，对应的进给速度分别为0.1mm/s、0.3mm/s、0.5mm/s、1mm/s、2mm/s、3mm/s，其中载荷力13N和进给速度0.5mm/s为单因素试验的不变量。

4.3.3 试验结果分析

（1）划痕形貌分析。图4.7所示是载荷力为7N、9N、11N时1号试件（佛岗青）的划痕图。从图4.7中可知，划痕试验和实际切削相似，试件材料的去除过程中也存在三个主要阶段：划擦阶段、塑性耕犁阶段、断裂破碎阶段。当载荷力较小时，切深也比较浅，花岗岩试件在压头的作用下仅发生弹性划擦；载荷力增大时，在压头作用下花岗岩材料被挤压留在划痕两侧形成一条清晰的划痕，此时，花岗岩试件的去除形式以塑性变形流动为主，产生一种耕犁现象；随着载荷的持续增加，压头对试件表面具有强烈的挤压作用，在划痕过程中两侧的花岗岩发生大面积的崩碎现象，此时试件材料的去除方式以脆性断裂破碎为主。

（2）载荷力对切削力的影响规律。在保证每次划痕长度20mm、进给速度0.5mm/s不变的条件下，依次改变载荷力（5N、7N、9N、11N、13N、15N）进行

图 4.7 不同载荷力下的划痕示意图

划痕试验。图 4.8 所示为划痕试验结束后测得的 1 号试件（佛岗青）的划痕深度，尽管采用 3D 扫描保证来确保划痕深度明显，但实际情况下测得的划痕深度和预定值还是有一定的差距。从图 4.8 中可知，试验的划痕深度与数值模拟中的切削深度具有较好的一致性。图 4.9 所示为不同载荷下切削力随时间的动态变化曲线，从图 4.9 中可知，切削力的变化与模拟数据一致，在切削过程中都发生波动性变化，由于划痕过程中花岗岩试件与压头存在跳动情况，导致切削力有负值的情况发生，存在一定的试验误差。

从图 4.9 可知，由于压头与试件间没有高速碰撞过程，花岗岩试件基本不发生大面积断裂破碎现象，使切削力在短时间内保持为零的频率较小。针对三种不同种类花岗岩试件在不同载荷下的动态切削力进行数值计算，得到不同载荷作用下的平均峰值切削力，并将数值模拟结果与理论切削力进行对比分析，如图 4.10 所示。从图 4.10 中可知，在相同的载荷作用下，1 号试件（佛岗青）的切削力最小，3 号试件（黑金沙）的切削力最大，这是因为佛岗青的抗压强度最大，相同的载荷力下 1 号试件的压入深度值最小，而 3 号试件（黑金沙）压入深度值最大。并且从图 4.10 中可知，在划痕试验过程中，1 号试件的切削力与模拟切削力和理论切削力有较好的一致性，而 2 号（石井虾红）和 3 号试件与模拟切削力和理论切削力相差较大，这是因为在划痕试验中采用相同的载荷作用，由于 1 号试件抗压强度与数值仿真中花岗岩模型抗压强度近似，1 号试件划痕深度也与数值仿真切削深度值近似，而石井虾红与黑金沙由于抗压强度较低，使划痕深度较大，导致切削力有所增加。

第 4 章 压、划痕试验研究

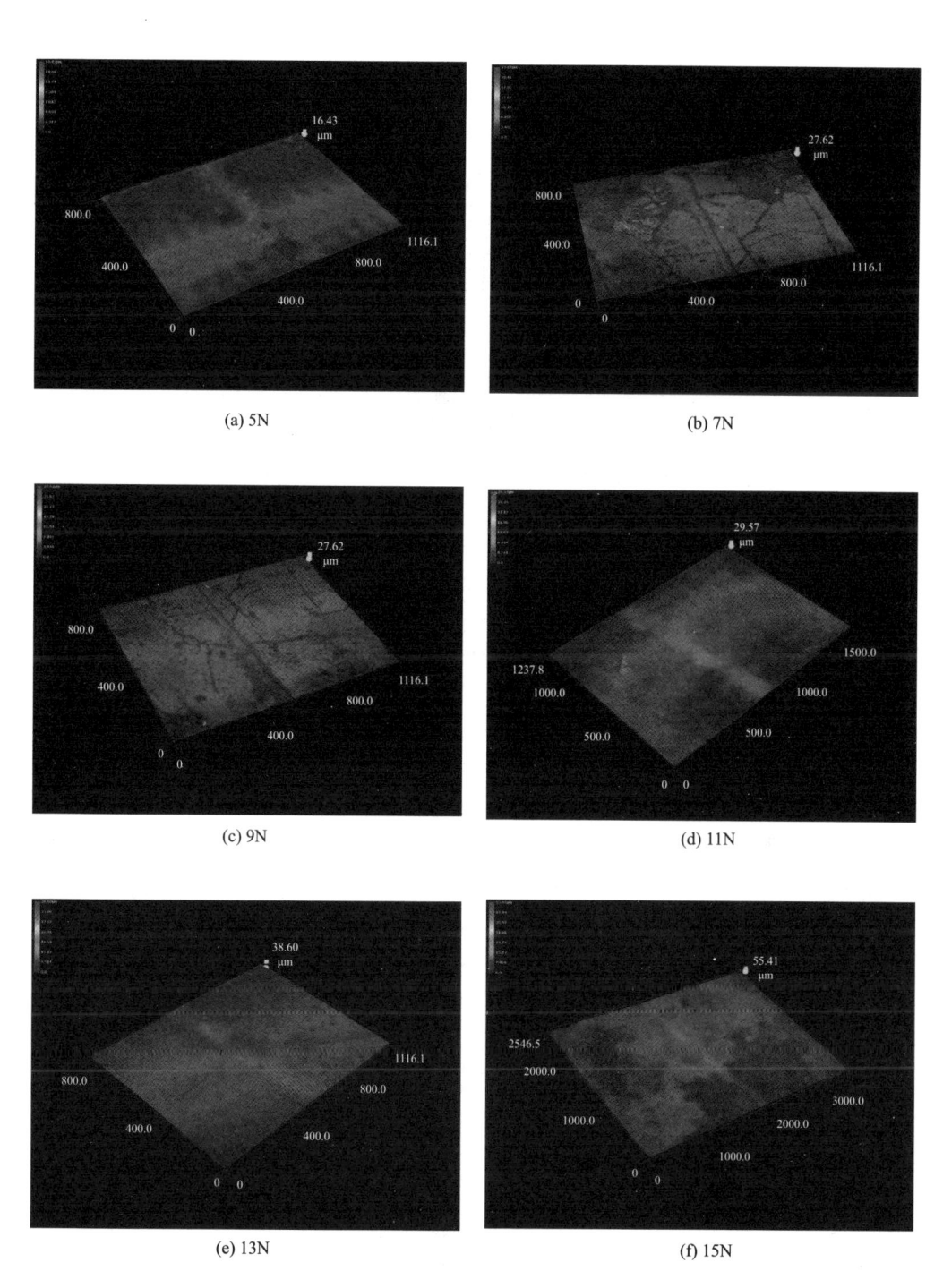

(a) 5N

(b) 7N

(c) 9N

(d) 11N

(e) 13N

(f) 15N

图 4.8 划痕试验三维形貌划痕应变图

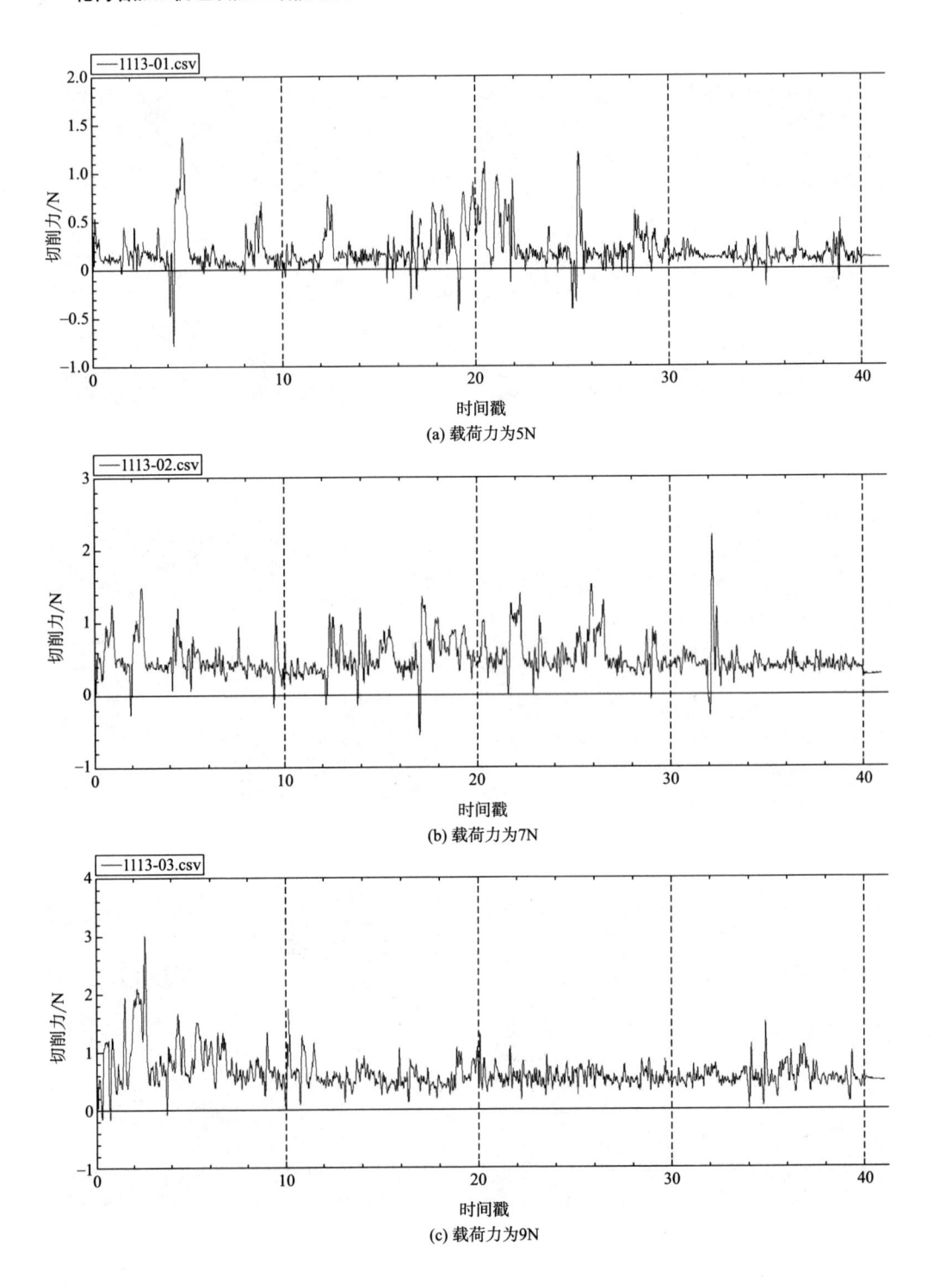

▶ 花岗岩加工机理及加工效能研究

(a) 载荷力为5N

(b) 载荷力为7N

(c) 载荷力为9N

(d) 载荷力为11N

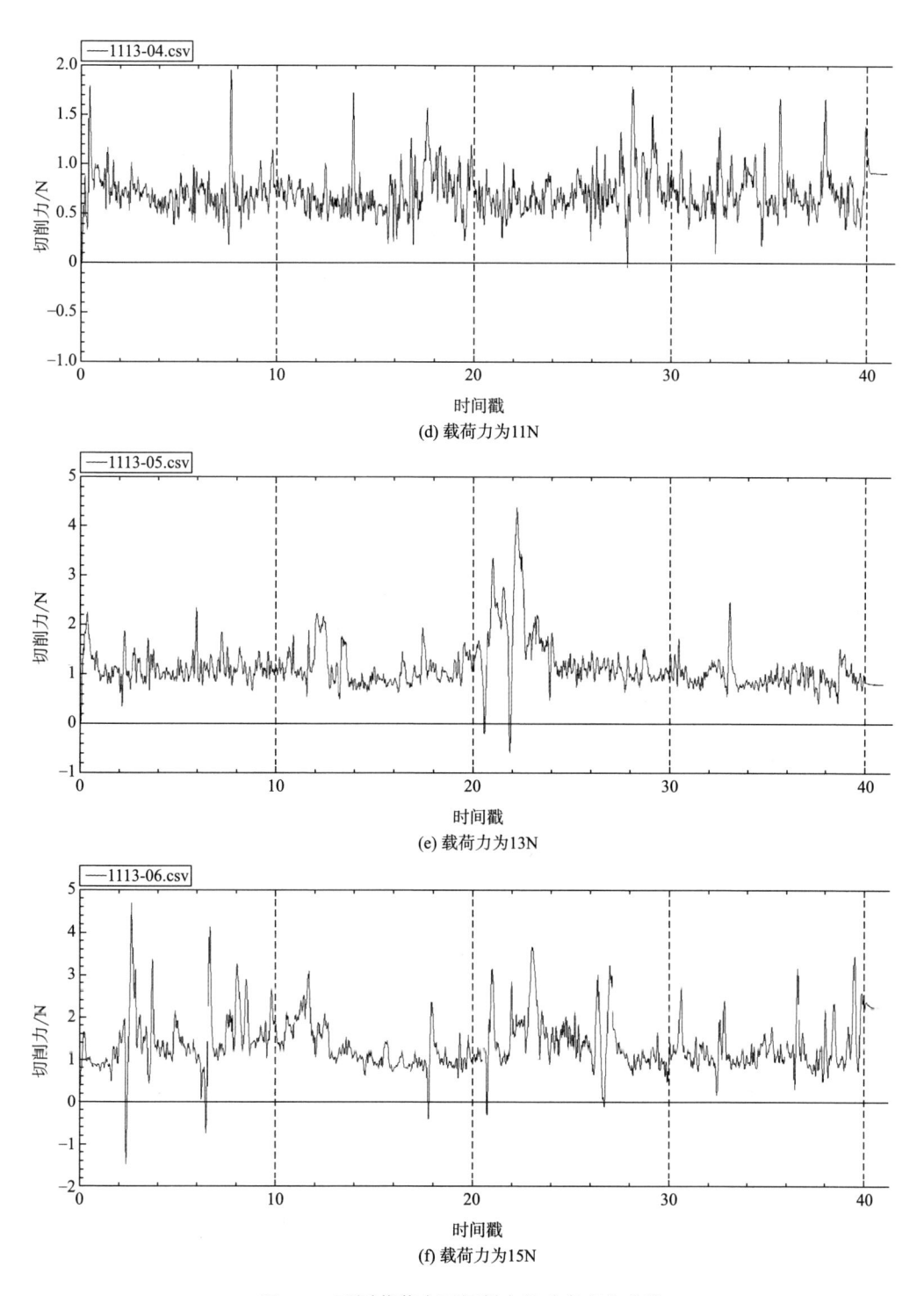

(e) 载荷力为13N

(f) 载荷力为15N

图 4.9 不同载荷力下切削力的动态变化曲线

▶ 花岗岩加工机理及加工效能研究

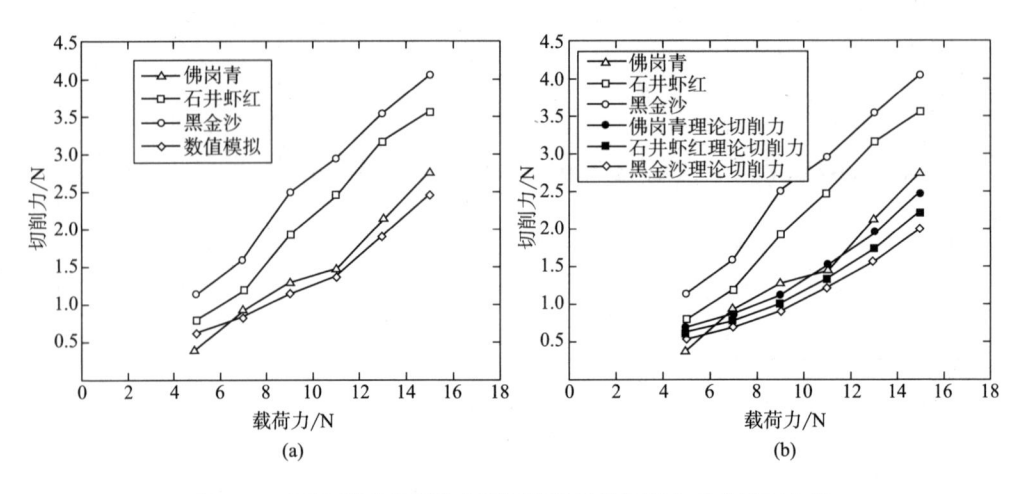

图 4.10 不同类型花岗岩在不同载荷下的切削力变化关系曲线

（3）进给速度对切削力的影响规律。在划痕长度、划痕载荷力为 13N 不变的条件下，依次改变进给速度（0.1mm/s、0.3mm/s、0.5mm/s、1mm/s、2mm/s、3mm/s），得到动态切削过程不同进给速度下的平均峰值切削力，如图 4.11 所示。从图 4.11 中可知，在恒定的载荷作用下，进给速度的逐步提升对切削力的影响较弱，与仿真模拟中切削速度变化时切削力的变化趋势基本一致。因此在花岗岩的实际铣削过程中，切削速度和进给速度对切削力的影响基本可以忽略。

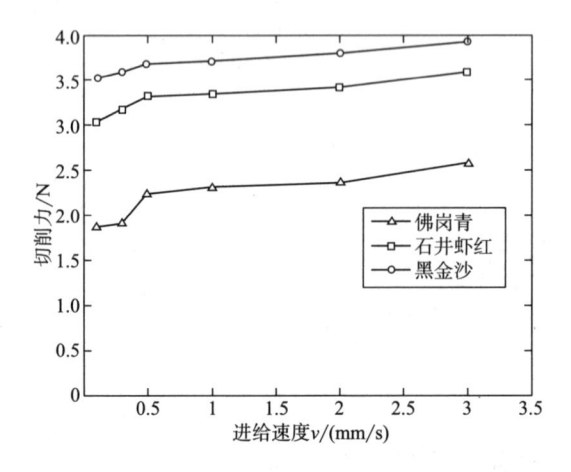

图 4.11 不同进给速度下切削力的变化关系曲线

70

第5章 花岗岩加工切削力理论分析

花岗岩由于材料性能的特殊性，与金属切削有较大的不同，其切削力也具有较大的波动性，这也反映了花岗岩切削过程的特征。国内外对花岗岩锯切加工的切削力进行了大量的试验研究，并提出了一些理论公式。影响切削力的参数很多，包括刀具参数、加工参数、花岗岩性能参数等。本章将参考花岗岩锯切加工和金属的磨削加工，结合花岗岩加工中影响切削力的主要因素，从单颗粒金刚石切削花岗岩的受力分析入手，对花岗岩加工的切削力进行分析和研究。

5.1 花岗岩加工模型

花岗岩的切削三维加工多采用三轴以上数控加工中心，充分利用 CAD/CAM 技术，实现花岗岩的三维雕刻。对于大部分的浮雕等作品，可以利用立式铣床配合专用的软件进行加工，花岗岩切削的加工模型如图 5.1 所示。图中刀具装夹在刀具架上，在主轴带动下与主轴做回转转动，同时可实现 Z 方向进给。在花岗岩的加工中刀具多为烧结而成。如图 5.2 所

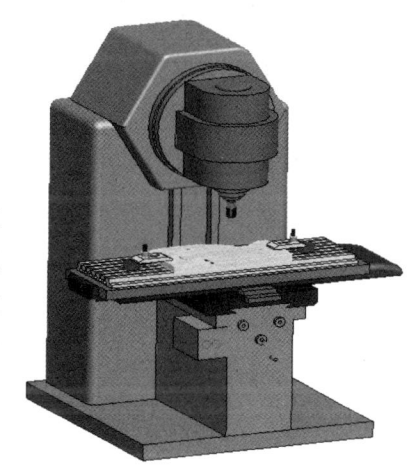

图 5.1 花岗岩加工模型

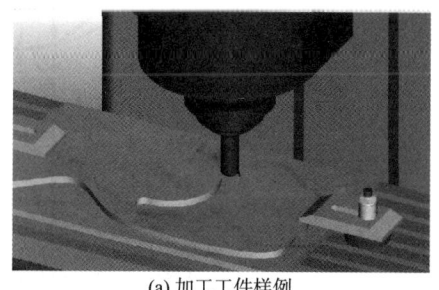

(a) 加工工件样例 　　(b) 加工用刀具

图 5.2 花岗岩加工工件和刀具

▶ 花岗岩加工机理及加工效能研究

示,工件装夹在工作台上。由于加工对象为石材,与金属加工不同,在花岗岩加工中工作台为木质,加工过程采用水润滑,木质吸收水分后具有较强的吸附力,对于重型花岗岩,可以直接放置在木质工作台上,对于轻型花岗岩,在加工中工作台吸附力不足以抵抗切削力,因此需采用夹具装夹。工作台可进行 X、Y 两个方向的进给。

由于花岗岩的加工与磨削类似,因此在分析中可将花岗岩切削与金属外圆磨削对比。图 5.3 为外圆磨削加工模型,其中 a_p 为砂轮的切削深度,v_s 为砂轮回转线速度,v_w 为工件线速度,d_s 和 d_w 分别为砂轮和工件的直径,刀具轴向进给用 f_a 表示。当 $d_w \to \infty$ 时可得到花岗岩铣削的加工模型,如图 5.4 所示,对应的 v_f 为石材工件线速度。在花岗岩切削中,切削深度为刀具的轴向切深,用 a_p 表示,径向切深即切削宽度,用 a_w 表示。在二维花岗岩加工过程中,刀具先沿轴向进给 a_p,然后沿加工路径以匀速进给 v_f,同时刀具以 v_s 回转,利用与石材接触的金刚石颗粒对石材进行切削。当切削参数 $a_w = d_s$ 时,此种工况即为花岗岩二维雕刻加工中典型的加工形式,如图 5.5 所示,其径向切深由进给速度 v_f 决定。由于花岗岩切削与金属外圆磨削的相似性,在后续的分析中借鉴了外圆磨削加工。

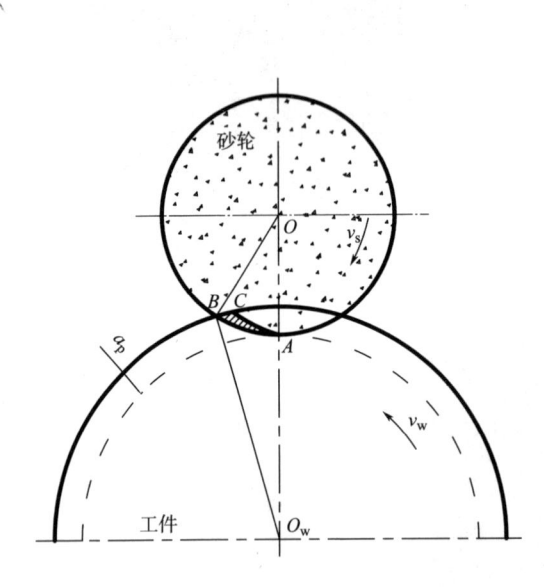

图 5.3 金属外圆磨削加工模型

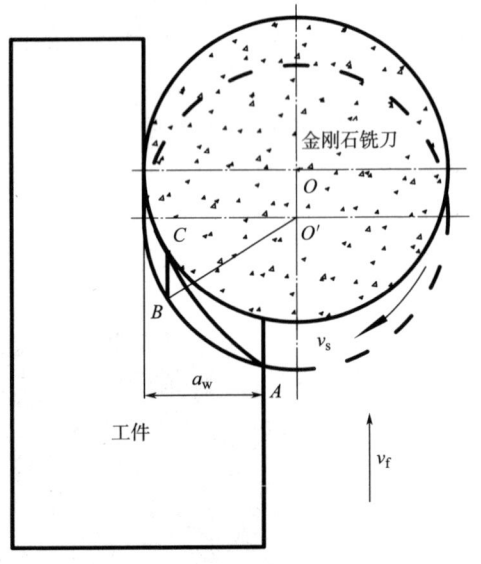

图 5.4 花岗岩铣削加工模型

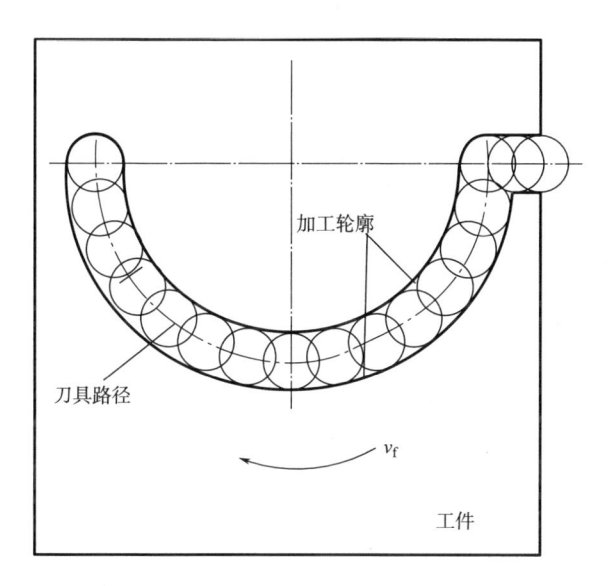

图 5.5　花岗岩二维雕刻典型加工示意

5.2　花岗岩加工几何学分析

花岗岩切削时被加工工件和刀具均具有特殊性，去除材料的过程伴随着刀具与工件的相互作用，这就是花岗岩切削几何学的研究范围。已有文献对常见的卧轴式平面磨削的几何学和加工的几何学的研究已经相当深入，研究者通过对砂轮或刀具与工件接触情况的分析，可以推导出一些表征加工过程的基本参数。由于花岗岩加工的特殊性，目前尚无对其加工过程几何学的分析研究，本节就对这些基本问题进行系统的研究，分别推导出花岗岩加工中工件与刀具相互作用弧长、最大未切削厚度的表达式等。

5.2.1　接触弧长

为了更清晰地表达各参数关系，取主轴运动为水平方向建立切削运动三维轨迹图，如图 5.6 所示。从图中可以看到，磨粒 A 点处于开始切削的位置，运动到 A′ 点切出，可知刀具与工件的接触弧长 l_s 即为单颗粒金刚石与花岗岩的接触弧长。其中阴影面积为磨粒 A 的切割区域界面，由此可知，单颗粒金刚石磨粒从开始切入到切出的过程中，切深是不断变化的。建立如图 5.6 所示的坐标系 xoy，磨粒 A 点的相对运动轨迹的方程可表示为：

▶ 花岗岩加工机理及加工效能研究

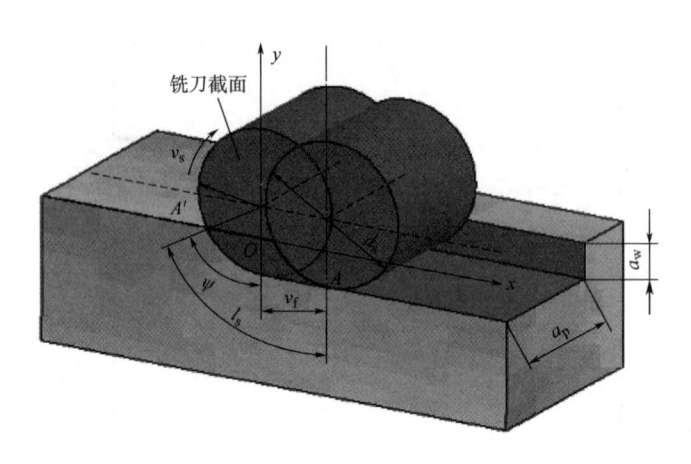

图 5.6 金刚石单颗粒切削加工模型

$$\begin{cases} x = r_s \times \sin\psi \pm v_\psi \\ y = r_s \times (1 - \cos\psi) \end{cases} \tag{5.1}$$

式中：r_s——刀具截面半径，m；

ψ——金刚石磨粒 A 的角位移，(°)；

v_ψ——刀具的相对直线位移，m。

式（5.1）中"+"表示如图 5.6 所示的切削方向，"-"代表相反方向的进给。

其中，
$$v_\psi = \frac{v_0}{2\pi} \times \psi = \frac{v_f}{60n_s \times 2\pi} \times \psi = \frac{v_f \times r_s}{60v_s} \times \psi \tag{5.2}$$

式中：v_0——为刀具一转时花岗岩的位移，m；

v_f——为刀具的相对进给速度，m/s；

v_s——为刀具截面的切削速度，m/s。

将式（5.2）代入式（5.1）得：
$$\begin{cases} x = r_s \times \left(\sin\psi \pm \dfrac{v_f}{60v_s} \times \psi \right) \\ y = r_s \times (1 - \cos\psi) \end{cases} \tag{5.3}$$

对上式取微分，求刀具与花岗岩接触的单元弧长：

$$dx = r_s \times \left(\cos\psi \pm \frac{v_f}{60v_s} \right) \times d\psi$$

$$dy = r_s \times \sin\psi \times d\psi$$

$$dl_s = \sqrt{(dx)^2 + (dy)^2} = r_s \times \sqrt{1 \pm \frac{2v_\omega}{60v_s} \times \cos\psi + \left(\frac{v_f}{60v_s}\right)^2} \times d\psi \tag{5.4}$$

其中，根据图5.6可计算得 $\cos\psi = 1 - 2\dfrac{a_w}{d_s}$，代入式（5.4）得：

$$\mathrm{d}l_s = \sqrt{(\mathrm{d}x)^2 + (\mathrm{d}y)^2} = r_s \times \sqrt{1 \pm \dfrac{2v_\omega}{60v_s} \times \left(1 - \dfrac{a_p}{r_s}\right) + \left(\dfrac{v_f}{60v_s}\right)^2} \times \mathrm{d}\psi \quad (5.5)$$

对上式进行积分运算可求得金刚石磨粒的接触弧长：

$$l_s = d_s \times \sqrt{1 \pm \dfrac{2v_f}{60v_s} \times \left(1 - \dfrac{a_w}{d_s}\right) + \left(\dfrac{v_f}{60v_s}\right)^2} \times \int_0^\psi \mathrm{d}\psi \quad (5.6)$$

$$= d_s \times \sqrt{1 \pm \dfrac{2v_f}{60v_s} \times \left(1 - \dfrac{a_w}{d_s}\right) + \left(\dfrac{v_f}{60v_s}\right)^2} \times \psi$$

将 $\psi = \arccos\left(1 - 2\dfrac{a_w}{d_s}\right)$ 代入式（5.6）得：

$$l_s = d_s \times \sqrt{1 \pm \dfrac{2v_f}{60v_s} \times \left(1 - \dfrac{a_w}{d_s}\right) + \left(\dfrac{v_f}{60v_s}\right)^2} \times \arccos\left(1 - 2\dfrac{a_w}{d_s}\right) \quad (5.7)$$

式中：$\dfrac{v_f}{v_s}$ 项反映了由工件进给速度而引起的接触长度的变动。由式（5.7）可知，刀具的接触弧长与刀具截面半径、切削速度、进给速度和切削宽度有关。

在实际加工中，往往 v_s 与 v_f 的值相差较大，$\dfrac{v_f}{v_s}$ 比值相对很小，因此可以将式（5.7）简化如下：

$$l_s = \dfrac{1}{2}d_s \times \arccos\left(1 - 2\dfrac{a_w}{d_s}\right) \quad (5.8)$$

由式（5.8）可以得出，在花岗岩切削过程中，金刚石磨粒与花岗岩的接触弧长与刀具的半径和切削宽度有关。

5.2.2 平均切削厚度

切削形成及切削表面其他物理现象的产生，与切削厚度有着很密切的关系，不同于一般的车削和切削等加工，金刚石刀具切削花岗岩时的切削厚度不仅包括动态磨粒的状态，还包括刀具表面的几何形状等非常复杂的函数。由于研究的方向与目的不同，通常应用平均切削厚度 h_c 和当量切削厚度 h_{ceq} 来衡量。

为求得单颗粒金刚石的平均切削厚度，可利用石材切削成屑前后体积恒等计算，根据图5.6成屑前体积为：

$$V_1 = a_p \cdot a_w \cdot v_f \quad (5.9)$$

成屑后体积为：
$$V_2 = n_d \cdot a_p \cdot l_s \cdot h_c^2 \cdot \xi \cdot v_s \tag{5.10}$$

式中：ξ 为切削截面系数，根据金刚石颗粒的锥角 2θ 确定，$2\theta = 80° \sim 145°$，可取 $\xi = \tan\theta$，$h_c^2 \xi$ 即为单个切削的平均截面积。由 $V_1 = V_2$ 可有：

$$a_p \cdot a_w \cdot v_f = n_d \cdot a_p \cdot l_s \cdot h_c^2 \cdot \xi \cdot v_s \tag{5.11}$$

将式（5.8）l_s 代入式（5.11）可得 h_c 的计算公式：

$$h_c = \sqrt{\frac{v_f}{v_s} \cdot \frac{1}{n_d \cdot \xi} \cdot \frac{2a_w}{d_s \cdot \cos^{-1}\left(1 - 2\frac{a_w}{d_s}\right)}} = \sqrt{\frac{v_f}{v_s} \cdot \frac{1}{n_d \cdot \xi}} \cdot \sqrt{\frac{a_w}{d_s}}, \quad d_s \gg a_w \tag{5.12}$$

5.2.3 当量切削厚度

由于金刚石磨粒在刀具表面的分布是随机的，而且实际参加工作的磨粒数并不稳定，用最大未变形切削厚度 h_{cmax} 或平均未变形切削厚度 h_{cm} 表示刀具动态工作条件不完全合适。国际生产工程研究会（CIRP）推荐用当量磨削厚度 h_{ceq} 作为基础参数，它表示在刀具单位宽度、接触长度范围内同时参加工作的磨粒切下的未变形截面积所集合成的一个假想截面积的厚度。

单位时间内刀具切除的工件体积可表示为：

$$V_1 = v_s \cdot a_p \cdot h_{ceq} \tag{5.13}$$

单位时间内工件被刀具切除的体积可表示为：

$$V_2 = v_f \cdot a_w \cdot a_p \tag{5.14}$$

由于 $V_1 = V_2$，可知 $v_s \cdot a_p \cdot h_{ceq} = v_f \cdot a_w \cdot a_p$，即得：

$$h_{ceq} = \frac{v_f}{v_s} \cdot a_w \tag{5.15}$$

5.3 单颗粒金刚石切削花岗岩受力分析

5.3.1 刀具有效金刚石磨粒数

金刚石磨粒在刀具工作表面上的分布是不均匀的，且高低不一，参差不齐。由于切削运动的关系使埋入一定深度的部分磨粒不会参与工作，在实际的加工中参与切割花岗岩的金刚石磨粒要少于刀具表面的磨粒数。本文将刀具加工石材时的有效磨粒数分为静态及动态有效磨粒数两类。其中，静态有效磨粒数是在刀具与工件间无相对运动的条件下测得的；动态有效磨粒数是在刀具与工件相对运动条件下测得的，以下分别说明。

（1）单位长度静态有效磨粒数 n_1。在刀具与花岗岩工件接触表面上，若沿刀具径向存在切深为 a_w，则可认为包括在该深度范围内的磨粒是参加切削的磨粒。单位长度静态有效磨粒数 n_1 的计算式为：

$$n_1 = c_1 \cdot k_r \cdot a_w^\lambda \tag{5.16}$$

式中：c_1——与磨粒密度有关的系数；

λ——指数，$\lambda \approx 2$；

k_r——与磨粒形状有关的系数，其中 $k_r = \varphi_p / \varphi_r$，$\varphi_p$ 为磨粒实际形状，φ_r 为近似几何形状；

a_w——刀具径向切深。

由式（5.16）可知，随着切入深度 a_w 值的增大，n_1 数也增加，当 a_w 值增大到一定程度后，n_1 数不再增加。

（2）单位面积静态有效磨粒数 n_s。刀具表面单位面积上的静态有效磨粒数 n_s 与切入花岗岩工件表面的深度有关。随着 a_w 值的增大，n_s 数也增加。同样，当 a_w 值增加到一定程度时，有效磨粒数 n_s 也将不再增多。

单位面积静态有效磨粒数 n_s 计算公式如下：

$$n_s = c_1 \cdot a_w^q \tag{5.17}$$

式中：c_1——与磨粒密度有关的系数；

q——指数，$q \approx 1$。

（3）动态有效磨粒数 n_d。动态有效磨粒数 n_d 为刀具与工件接触弧区上测得的单位面积有效磨粒数，其计算公式为：

$$n_d = A_g \times c_1^\beta \times \left(\frac{v_f}{v_s}\right)^\alpha \times \left(\frac{a_w}{d_s}\right)^{\frac{\alpha}{2}} \tag{5.18}$$

式中：A_g——与静态磨粒数有关的系数；

d_s——刀具当量直径，m；

v_f——工件进给速度，m/s；

v_s——刀具转速，m/s；

a_w——刀具径向切深，m；

d_s——刀具直径，m。

α、β——指数，与磨粒在刀具圆周上的分布状况和磨粒外形有关，其取值范围为：

$$\begin{cases} 0 < \alpha < 2/3 \\ 1/2 < \beta < 2/3 \end{cases} \quad (5.19)$$

动态有效磨粒数 n_d 对分析切削过程是很有帮助的，由式（5.18）可知，其大小与刀具自身的直径、磨粒密度和磨粒形状有着密切的关系。

5.3.2 单颗粒金刚石的受力

对于单颗粒金刚石磨粒切削工件，金刚石磨粒所承受的平均法向力 $\overline{f_n}$ 和平均切向力 $\overline{f_t}$ 与切削深度 h 之间的关系可表示如下：

$$\begin{cases} \overline{f_t} = k_t \cdot h^\alpha \\ \overline{f_n} = k_n \cdot h^\beta \end{cases} \quad (5.20)$$

式中：k_t、k_n——常数，与工件材质和金刚石磨粒的形状有关；

α、β——平均切削力的增长指数，其值大于1，并且接近于1。

对于单颗粒金刚石 $\overline{f_t}$、$\overline{f_n}$ 同时存在关系：

$$\overline{f_n} = \lambda \cdot \overline{f_t} \quad (5.21)$$

把 λ 称为切削力比，其取值主要与工件材料的力学性能以及金刚石的锐利程度等有关。

从式（5.20）可以看出，随着切削深度的增大，其 $\overline{f_n}$ 和 $\overline{f_t}$ 都逐渐增大，将在5.2.2节获得的平均切削厚度 h_c 代入上式可得单颗粒金刚石受力的理论公式：

$$\begin{cases} \overline{f_t} = k_t \cdot \left[\dfrac{v_f}{v_s} \cdot \dfrac{1}{n_d \cdot \xi} \cdot \dfrac{2a_w}{d_s \cdot \cos^{-1}\left(1 - 2\dfrac{a_w}{d_s}\right)} \right]^{\frac{\alpha}{2}} = k_t \cdot \left(\dfrac{v_f}{v_s} \cdot \dfrac{1}{n_d \cdot \xi} \cdot \sqrt{\dfrac{a_w}{d_s}} \right)^{\frac{\alpha}{2}}, d_s \gg a_w \\ \overline{f_n} = \lambda \overline{f_t} \end{cases}$$

$$(5.22)$$

根据式（5.20）可得：

$$f = \sqrt{\overline{f_t}^2 + \overline{f_n}^2}$$

$$f = \sqrt{(1 + \lambda^2)} \, \overline{f_t}$$

$$f = \sqrt{(1 + \lambda^2)} \cdot k_t \cdot \left[\dfrac{v_f}{v_s} \cdot \dfrac{1}{n_d \cdot \xi} \cdot \dfrac{2a_w}{d_s \cdot \cos^{-1}\left(1 - 2\dfrac{a_w}{d_s}\right)} \right]^{\frac{\alpha}{2}}$$

$$= \sqrt{(1+\lambda^2)} \cdot k_t \cdot \left(\frac{v_f}{v_s} \cdot \frac{1}{n_d \cdot \xi} \cdot \sqrt{\frac{a_w}{d_s}} \right)^{\frac{\alpha}{2}}, \quad d_s \gg a_w \quad (5.23)$$

随着切削深度的增大，金刚石磨粒所承受的切向力与法向力均增加。若与前面单颗粒金刚石磨粒的影响要素的推导公式相联系，可知切削力的大小与工件的材质、刀具的形状、金刚石自身的物理性能和加工工艺参数等因素均有关。

5.4 花岗岩加工刀具受力分析

5.4.1 切削力理论分析

在加工花岗岩的过程中，金刚石刀具切削的过程实际上是刀具对花岗岩的不断磨削的过程。金刚石刀具除了受到设备主轴对其扭转作用力外，还受到切削接触弧区内的花岗岩对刀具的反作用力，该作用力的大小会直接影响刀具的使用寿命、金刚石的切削性能、基体的把持特性及电动机的消耗功率等，从而影响加工的质量和加工成本，可见研究此参量的重要性及意义。本节将分别从切削力的切向力和法向力及水平力和垂直力进行分析。

（1）切向力和法向力。建立主轴转速为逆时针，进给方向为正向的刀具受力分析图，如图5.7所示。根据它们之间的几何关系可推导出相关理论公式，β为单颗粒金刚石法向力和合力的夹角，切深为a_p，a_p沿Z方向为轴向切深，θ为刀具接触

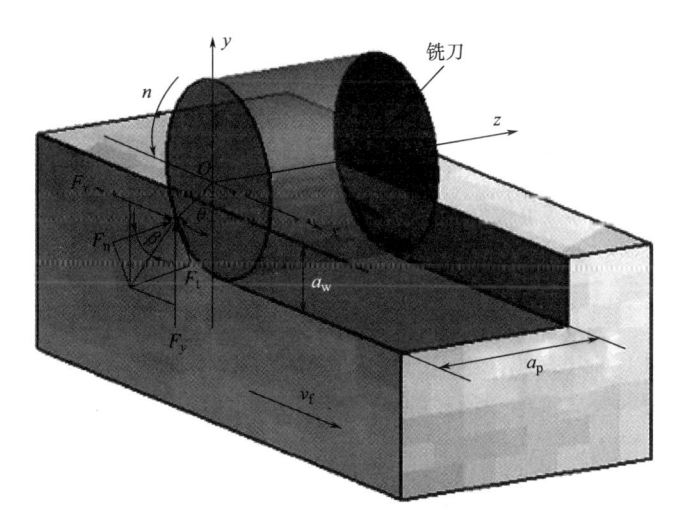

图5.7 刀具受力示意图

圆弧上动态金刚石颗粒在圆周方向的角度。假设金刚石颗粒在圆柱刀具圆弧面上均匀且连续分布，根据第 5.2 节中此种工况的接触弧长 l_s 和第 5.3 节中给出的参与切削的单位面积的动态金刚石有效磨粒数 n_d 的公式，可得花岗岩加工中刀具所受的总的切向力 F_t 和法向力 F_n 的理论计算公式：

$$\begin{cases} F_t = \overline{f_t} \cdot l_c \cdot n_d \cdot a_p \\ F_n = k_n \cdot F_t \end{cases} \tag{5.24}$$

式中：k_n 为比例常数，将式（5.8）、式（5.18）和式（5.21）分别代入式（5.24）可得：

$$\begin{cases} F_t = \dfrac{1}{2} k_t a_p \cdot \left(2 \dfrac{1}{\xi} \cdot \dfrac{v_f}{v_s} \cdot a_w\right)^{\frac{\alpha}{2}} \cdot \left[n_d d_s \cos^{-1}\left(1 - 2\dfrac{a_w}{d_s}\right)\right]^{\left(1-\frac{\alpha}{2}\right)} \\ F_n = k_n \cdot F_t \end{cases} \tag{5.25}$$

根据切削力的理论公式可得出以下结论：

①在花岗岩的切削中，其切削力与加工参数 a_p、v_s、v_f 有很大关系，与 a_p 呈线性关系，与 $\dfrac{v_f}{v_s}$ 的比值呈指数关系。

②根据前面章节介绍可知，α 的取值与磨粒在刀具圆周上的分布状况和磨粒外形有关，其取值范围为 $0 < \alpha < \dfrac{2}{3}$，因此在加工参数 a_p、v_s、v_f 中 a_p 的影响相对于 v_s、v_f 略大些。

③花岗岩越硬，则力比系数 k_t 越大，则切削力将增大。

④参数 a_p 反映了切削力大小与刀具金刚石的粒度有关，粒度即金刚石颗粒的粗细，金刚石颗粒越粗，切削力越大，越容易磨钝，太细的磨粒切削性能又较弱。

⑤参数 c_1 反映了切削力大小与刀具金刚石的浓度有关，由于 β 的取值范围是 $\dfrac{1}{2} < \beta < \dfrac{2}{3}$，所以刀具金刚石浓度越大，参与切削的金刚石颗粒越多，切削力越小，反之则增大。

（2）水平力和垂直力。花岗岩对金刚石刀具的作用力实际上是沿着切削接触弧区域分布的。为了研究方便，本书将作用力的合力 f 简化合成为一对力，分别为水平力 F_x 和垂直力 F_y，将单个颗粒的合力分别沿 x、y 方向分解：

$$\begin{cases} F_x = f \cdot \sin(\theta - \beta) \\ F_y = f \cdot \sin(\theta - \beta) \end{cases} \tag{5.26}$$

假设金刚石颗粒在圆柱刀具圆弧面上均匀且连续分布，根据前面的第 5.2 节中此种工况的接触弧长有：

$$l_s = d_s \times \arccos\left(1 - \frac{a_w}{d_s}\right) \tag{5.27}$$

由此可将单个颗粒的受力在整个接触面内进行积分得到刀具所受合力为：

$$\begin{cases} F_x = a_p f \cdot \int_0^\varphi \sin(\theta - \beta) \mathrm{d}\theta \\ F_y = a_p f \cdot \int_0^\varphi \cos(\theta - \beta) \mathrm{d}\theta \end{cases} \tag{5.28}$$

其中：

$$\varphi = \arccos\left(1 - \frac{a_w}{r_s}\right) \tag{5.29}$$

同时，根据图5.7中切向力F_t、法向力F_n、水平力F_x和垂直力F_y关系可以获得相关理论公式，即：

$$F_t = F_y \times \sin\beta - F_x \times \cos\beta \tag{5.30}$$

$$F_n = F_y \times \cos\beta + F_x \times \sin(\beta) \tag{5.31}$$

当主轴转速为顺时针，进给方向为正向时，即相对于图5.7仅改变了刀具的旋转方向，根据它们之间的几何关系可推导出相关的理论公式，推导结果如下：

$$F_t = F_x \times \cos\beta - F_y \times \sin\beta \tag{5.32}$$

$$F_n = F_x \times \sin\beta + F_y \times \cos\beta \tag{5.33}$$

5.4.2 典型加工刀具受力分析

花岗岩的二维雕刻加工是花岗岩切削应用较广泛的一种情况，在二维雕刻下，切削参数$a_w = d_s$，其加工及受力如图5.8所示。θ为刀具接触圆弧上动态金石刚颗粒在圆周方向的角度，对于单个金刚石颗粒，其合力可表示为：

$$f = \sqrt{f_t^2 + f_n^2} \tag{5.34}$$

$$f = \sqrt{(1 + \lambda^2)} f_t \tag{5.35}$$

将单个颗粒的合力分别沿x、y方向分解，β为法向力与合力的夹角，则有：

$$\begin{cases} F_x = f \cdot \sin(\theta - \beta) \\ F_y = f \cdot \sin(\theta - \beta) \end{cases} \tag{5.36}$$

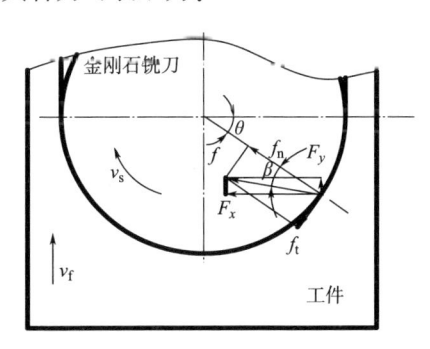

假设金刚石颗粒在圆柱刀具圆弧面上均匀且连续分布，由此可将单个颗粒的受力在

图5.8 二维雕刻中刀具单颗粒受力情况

整个接触面内进行积分得到刀具所受合力，即：

$$\begin{cases} F_x = a_p \int_0^{180} f \cdot \sin(\theta - \beta) d\theta = 2f \cdot a_p \cdot \sin\beta \\ F_y = a_p \int_0^{180} f \cdot \cos(\theta - \beta) d\theta = 2f \cdot a_p \cdot \cos\beta \end{cases} \quad (5.37)$$

将 f、h_c 代入式（5.37）可得：

$$\begin{cases} F_x = 2a_p k_t \cdot \sqrt{(1+\lambda^2)} \cdot \left[\dfrac{v_f}{v_s} \cdot \dfrac{1}{n_d \cdot \xi} \cdot \dfrac{2a_w}{d_s \cdot \cos^{-1}\left(1 - 2\dfrac{a_w}{d_s}\right)}\right]^{\frac{\alpha}{2}} \cdot \sin\beta \\ F_y = 2a_p k_t \cdot \sqrt{(1+\lambda^2)} \cdot \left[\dfrac{v_f}{v_s} \cdot \dfrac{1}{n_d \cdot \xi} \cdot \dfrac{2a_w}{d_s \cdot \cos^{-1}\left(1 - 2\dfrac{a_w}{d_s}\right)}\right]^{\frac{\alpha}{2}} \cdot \cos\beta \end{cases}$$

$$(5.38)$$

则：

$$F_\Sigma = 2a_p k_t \cdot \sqrt{(1+\lambda^2)} \cdot \left[\dfrac{v_f}{v_s} \cdot \dfrac{1}{n_d \cdot \xi} \cdot \dfrac{2a_w}{d_s \cdot \cos^{-1}\left(1 - 2\dfrac{a_w}{d_s}\right)}\right]^{\frac{\alpha}{2}} \quad (5.39)$$

在此种情况中 $a_w = d_s$，整理可得该情况下石材二维雕刻切削力的理论公式：

$$\begin{cases} F_x = 2a_p k_t \cdot \sqrt{(1+\lambda^2)} \cdot \left(\dfrac{v_f}{v_s} \cdot \dfrac{1}{n_d \cdot \xi} \cdot \dfrac{2}{\pi}\right)^{\frac{\alpha}{2}} \cdot \sin\beta \\ F_y = 2a_p k_t \cdot \sqrt{(1+\lambda^2)} \cdot \left(\dfrac{v_f}{v_s} \cdot \dfrac{1}{n_d \cdot \xi} \cdot \dfrac{2}{\pi}\right)^{\frac{\alpha}{2}} \cdot \cos\beta \\ F_\Sigma = 2a_p k_t \cdot \sqrt{(1+\lambda^2)} \cdot \left(\dfrac{v_f}{v_s} \cdot \dfrac{1}{n_d \cdot \xi} \cdot \dfrac{2}{\pi}\right)^{\frac{\alpha}{2}} \end{cases} \quad (5.40)$$

从式（5.40）可看出，在石材二维的雕刻切削中，其切削力与加工参数 a_p、v_s、v_f 有关，且 a_p 的影响较大，同时与工件材质及金刚石的浓度、粒度有一定关系，与刀具的直径无关。

第6章 花岗岩加工切削力试验

为了能够验证第2章理论推导的正确性,通过试验结果分析得出各影响因素的强弱关系,并利用试验数据通过仿真得出比较接近实际的铣削力模型。本章主要通过正交试验研究了加工工艺参数对金刚石圆柱形铣刀铣削花岗岩时铣削力的影响情况。加工工艺参数包括切削深度 a_p、进给速度 v_f 与主轴转速 n。

6.1 试验工况配置

(1) 工件选用。花岗岩具有结构致密、抗压强度高、吸水率低、表面硬度大、化学稳定性好、耐久性强等特点。试验材料选用具有中等硬度的印度黑金花岗岩(图6.1),主要化学成分如表6.1所示,其物理性能如表6.2所示。

图 6.1 试验工件

表 6.1 印度黑金主要成分

成分	SiO_2	Al_2O_3	FeO	CaO	其他
含量/%	52.68	15.18	10.71	9.67	12.3

表 6.2 印度黑金物理性能

弯曲强度/MPa	肖氏硬度/MPa	密度/(g/cm³)	吸水率/%	孔隙率/%
26.48	91±10	2.97	0.06	0.22

(2) 刀具选用。根据刀具制造方法的不同主要分为两种,即电镀和热压成型。电镀法制作的金刚石圆柱刀具刀杆多采用高速钢和硬质合金,其镀层一般为0.5mm左右。该结构的刀具在同等粒度、浓度下,金刚石用量少,成本低,但由于切削层较薄,耐用度一般。对于热压成型法制作的刀具,切削部分较厚,耐用度相对电镀法要好,但其成本也较大。笔者曾试验将等离子热喷涂技术应用于金刚石圆柱刀具的制作中,但由于在高温下金刚石易石墨化,导致参与切削的金刚

花岗岩加工机理及加工效能研究

石磨粒数减少，镀层不耐磨，在目前的实际加工中仍主要采用以上两种形式刀具。

综合分析，选用热压成型法制备的圆柱形金刚石刀具进行切削试验，该刀具大小为 $\phi12\times65\times15$（mm），刀具头焊接在高速钢的刀柄上，刀具实物如图 6.2 所示，其工艺参数如表 6.3 所示。

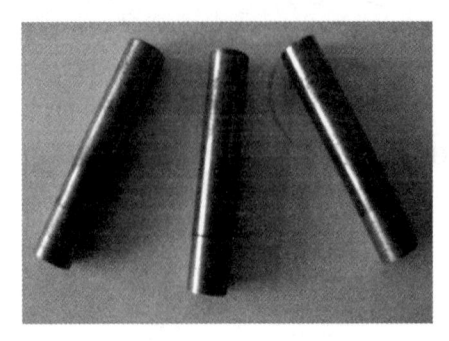

图 6.2 试验刀具

表 6.3 金刚石刀具参数

指标	刀具直径/mm	金刚石型号	金刚石浓度/%	金属粉	金刚石粒度
参数值	12	SMD 型	35	Cu 基	40/50

6.2 切削力正交试验

正交试验设计又称正交试验法、正交设计法或正交法，是一种安排和分析多因素试验的科学方法，它以人们的生产实践经验、相关专业知识和概率论与数理统计为基础，利用已标准化了的正交表，科学地安排试验方案和对试验结果进行计算、分析，找出最优或较优的生产条件或工艺的数学方法。

本节将通过正交试验推导切削深度、进给速度和主轴转速这三个加工工艺参数对金刚石铣刀所受铣削力的影响程度，即在不同环境下，哪个因素对金刚石铣刀所受铣削力影响大，哪个因素对金刚石铣刀所受铣削力影响小。同时，鉴于用单因素试验测得的样本对神经网络进行训练，为了保证神经网络预测的准确性，这里将使用正交试验测得 9 组样本用于对神经网络预测的验证。

6.2.1 方案设计

在花岗岩等硬脆材料的加工中，对切削力的影响参数主要有刀具横向进给速度 v_f、纵向切削深度 a_p 和主轴转速 n。因此，本试验选用进给速度、切削深度、主轴转速为正交试验的三个因素。列出因素水平表，见表 6.4。

因素水平中各因素的水平值的确定，参考实际情况选取加工参数。对于 $\phi12\mathrm{mm}$ 的铜基金刚石圆柱刀具切削中等硬度的印度黑金花岗岩的情况，刀具转速选择 400~600r/min，进给速度选择 20~40mm/min，切削深度选择 2.0~3.0mm，在此范围内进行切削力的试验研究,根据现有的试验条件并结合实际的生产加工确定试验的因素水平。如果进给速度或切削深度过大会使刀具承受的力过大,为避免出现刀具损坏等现象的出现,应选择较合适的加工参数。

表6.4 因素水平表

因素	编码	水平1	水平2	水平3
主轴转速 n/(r/min)	A	400	500	600
进给速度 v_f/(mm/min)	B	20	30	40
切削深度 a_p/mm	C	2.0	2.5	3.0

根据因素水平表中的因素和水平值,选用标准的正交表 $L_9(3^4)$,安排三因素三水平的正交试验,见表6.5。

表6.5 标准正交表

试验号	因素水平		
	主轴转速 n	进给速度 v_f	切削深度 a_p
	A	B	C
1	A_1	B_1	C_1
2	A_1	B_2	C_2
3	A_1	B_3	C_3
4	A_2	B_1	C_2
5	A_2	B_2	C_3
6	A_2	B_3	C_1
7	A_3	B_1	C_3
8	A_3	B_2	C_1
9	A_3	B_3	C_2

6.2.2 极差分析

正交试验设计统计分析方法一般分为两种,极差分析法和方差分析法。极差分析法又称直观分析法,它可以分清各因素对指标影响的主次顺序、变化关系,并可以找出最优的方案设计,实际生产试验中应用广泛。

切削力的正交试验是在 XK5032C 数控铣床上进行切削测量的,测力装置仍采用八角环测力仪,信号通过 I/O 端子板接口并传入 PCL812 数据采集卡采集信号,通过编制的 VC 程序进行数据处理,将数据成图显示在 PC 机上并保存,数据图像的高度代表切削力的值,将其读取出来填入正交表中,并利用正交表的性质进行极差分析,如表 6.6 所示。

表 6.6 切削力正交试验数据结果及数据分析

试验号		列号			试验结果		
		A (r/min)	B (mm/min)	C (mm)	F_y/kN	F_x/kN	F_Σ/kN
1		A_1 (400)	B_1 (20)	C_1 (2.0)	0.060	0.105	0.121
2		A_1 (400)	B_2 (30)	C_2 (2.5)	0.120	0.161	0.201
3		A_1 (400)	B_3 (40)	C_3 (3.0)	0.140	0.199	0.243
4		A_2 (500)	B_1 (20)	C_2 (2.5)	0.080	0.140	0.161
5		A_2 (500)	B_2 (30)	C_3 (3.0)	0.130	0.174	0.217
6		A_2 (500)	B_3 (40)	C_1 (2.0)	0.100	0.176	0.202
7		A_3 (600)	B_1 (20)	C_3 (3.0)	0.090	0.145	0.171
8		A_3 (600)	B_2 (30)	C_1 (2.0)	0.070	0.130	0.148
9		A_3 (600)	B_3 (40)	C_2 (2.5)	0.110	0.160	0.194
F_y	K_1	0.320	0.230	0.230	$T_x = 0.900$	$T_y = 1.640$	
	K_2	0.310	0.320	0.310			
	K_3	0.270	0.350	0.360			
	R_y	0.050	0.120	0.130	$F_\Sigma = (F_y^2 + F_x^2)^{1/2}$		
F_x	K_1	0.645	0.390	0.410			
	K_2	0.525	0.545	0.540			
	K_3	0.470	0.705	0.690			
	R_x	0.175	0.315	0.280			
F_Σ	K_1	0.722	0.453	0.471			
	K_2	0.610	0.633	0.623			
	K_3	0.543	0.789	0.781			
	R_Σ	0.182	0.336	0.310			

从表 6.6 中试验结果的极差 R_y 值分析来看,切削深度 a_p 与进给速度 v_f 对金刚石切削分力 F_y 的影响比较大,其中切削深度略大于进给速度对切向力的影响,主轴转速 n 对刀具切向力的影响相对最小,即:$R_C > R_B > R_A$。

从表 6.6 中试验结果的极差 R_x 值分析来看，进给速度 v_f 对切削分力 F_x 的影响最大，其次为切削深度 a_p，影响相对最小的是主轴转速 n，即：$R_B>R_C>R_A$。

各因素水平对刀具切向力与法向力的影响趋势如图 6.3 所示。

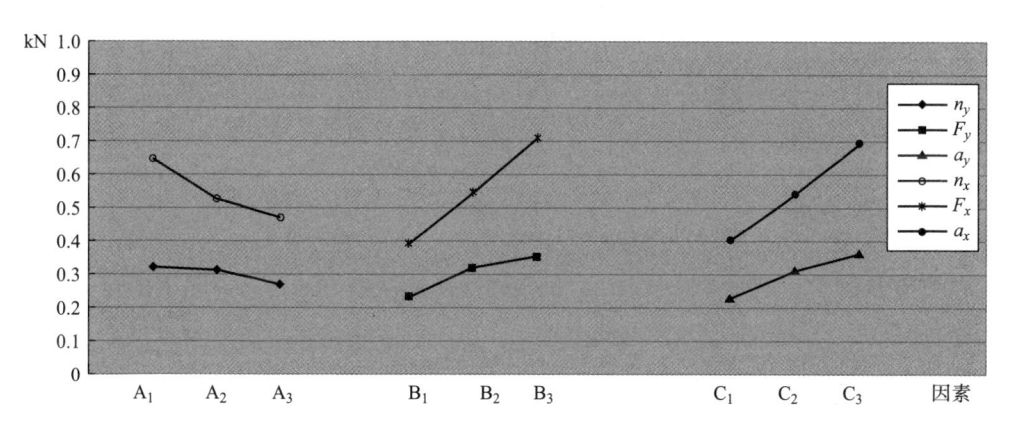

图 6.3　各因素水平对切向力和法向力的影响趋势

从图 6.3 中可以直观地看到，刀具的 F_y 随刀具主轴转速的增大而减小，但随刀具的进给速度和切削深度的增加而增加。其中在选择的参数范围内，切向力最小的值发生在第一组试验中。

刀具 F_x 也随刀具主轴转速的增大而减小，随刀具的进给速度和切削深度的增加而增加。其中法向力最小的值同样发生在第一组试验中。从力的大小角度来分析，从图 6.3 中可以看出，直线全弧切削过程中切削力的法向分力要比切向分力大很多且基本呈倍数关系，与第 3 章单因素分析的切削力比基本一致。

表 6.6 中的合力 F_Σ 通过 F_x 与 F_y 计算求得，从极差 R_Σ 值分析来看，进给速度 v_f 对刀具切削力的合力 F_Σ 的影响最大，其次为切削深度 a_p，影响相对最小的为刀具的主轴转速 n，即：$R_B>R_C>R_A$。

根据上述分析，按加工参数对切削力影响因素的大小，本试验中获得的优选加工工艺参数组合如表 6.7 所示。

表 6.7　极差计算获得的优选工艺参数组合

参数	优选数值
进给速度 v_f/（mm/min）	20
切削深度 a_p/mm	2.0
主轴转速 n/（r/min）	600

从本章节获得的试验数据中可以看出，加工参数对切削力的影响较为明显，达到了预期的试验目的。根据前面分析可得切削力随主轴转速的增大而减小，但在选择主轴转速时，除考虑切削力大小外还要考虑电动机的功率、刀具磨损等因素。因此，从实际生产加工的角度出发，最佳工艺参数的选择要综合考虑电动机功率、加工效率、加工成本、经济效益、加工条件等诸多因素，后续的章节中将在此基础上，结合神经网络的预测分析和对刀具磨损状况的分析，优选出较合适花岗岩加工的工艺参数，使其对生产实际具有一定的指导意义。

6.2.3 方差分析

方差分析（analysis of variance）是数理统计的基本方法之一，是工农业生产和科学研究分析试验数据的一种有效工具。简单来说，就是把试验数据分解为各个因素的波动和误差波动，然后将它们的平均波动进行比较，这种方法称为方差分析。而直观分析不能区分各因素各水平对应实验结果间的差异，且对影响实验结果的各因素的重要程度不能给出精确的数值估计。因此，为了进一步分析各种工艺参数对实验结果的影响，以及实验误差对实验结果影响的大小，弥补直观分析法的不足，对实验数据结果进行方差分析。下面以力 F_x 的方差计算为例加以说明。

第一步：计算 T、Q 值。

$$T = \sum_{i=1}^{9} y_i = 0.105 + 0.205 + \cdots + 0.195 = 1.640$$

修正项：

$$C_T = \frac{T^2}{n} = \frac{1.640^2}{9} = 0.2988444$$

$$Q_T = \sum_{i=1}^{9} y_i^2 = 0.105^2 + 0.205^2 + \cdots + 0.195^2 = 0.33555$$

第二步：计算求得总偏差平方和。

$$S_T = Q_T - C_T = \sum_{i=1}^{9} y_i^2 - C_T = 0.33555 - 0.2988444 = 0.0367056$$

第三步：计算各因素的偏差平方和。

$$S_A = Q_A - C_T = \frac{1}{3}\sum_{j=1}^{3} K_{1j}^2 - C_T = \frac{1}{3}(0.645^2 + 0.525^2 + 0.470^2) - 0.2988444 = 0.005339$$

$$S_B = Q_B - C_T = \frac{1}{3}\sum_{j=1}^{3} K_{2j}^2 - C_T = \frac{1}{3}(0.390^2 + 0.545^2 + 0.705^2) - 0.2988444 = 0.016539$$

$$S_C = Q_C - C_T = \frac{1}{3}\sum_{j=1}^{3} K_{3j}^2 - C_T = \frac{1}{3}(0.410^2 + 0.540^2 + 0.690^2) - 0.2988444 = 0.013089$$

第四步：计算误差平方和。

$S_e = S_T - S_A - S_B - S_C = 0.0367056 - 0.005339 - 0.016539 - 0.013089 = 0.0017386$

第五步：将计算结果填入表 6.8 中。

表 6.8 切削分力 F_x 试验结果分析

试验号		列号				试验结果	
		A (r/min)	B (mm/min)	C (mm)	e（误差）	F_x/kN	
1		A_1 (400)	B_1 (20)	C_1 (2.0)	1	0.105	
2		A_1 (400)	B_2 (30)	C_2 (2.5)	2	0.161	
3		A_1 (400)	B_3 (40)	C_3 (3.0)	3	0.199	
4		A_2 (500)	B_1 (20)	C_2 (2.5)	3	0.14	
5		A_2 (500)	B_2 (30)	C_3 (3.0)	1	0.174	
6		A_2 (500)	B_3 (40)	C_1 (2.0)	2	0.176	
7		A_3 (600)	B_1 (20)	C_3 (3.0)	2	0.145	
8		A_3 (600)	B_2 (30)	C_1 (2.0)	3	0.13	
9		A_3 (600)	B_3 (40)	C_2 (2.5)	1	0.16	
F_x	K_{1j}	0.645	0.390	0.410	0.510		
	K_{2j}	0.525	0.545	0.540	0.525		
	K_{3j}	0.470	0.705	0.690	0.605		
F_y	K_{1j}^2	0.416025	0.1521	0.1681	0.2601	$T = 1.640$	
	K_{2j}^2	0.275625	0.297025	0.2916	0.275625	$C_T = 0.298844$	
	K_{3j}^2	0.2209	0.497025	0.4761	0.366025	$Q_T = 0.33555$	
Q_j		0.304183	0.315383	0.311933	0.300583		
S_j		0.005339	0.016539	0.013089	0.0017386		

第六步：计算自由度。

总自由度 $\quad f_T = n - 1 = 9 - 1 = 8$

各因素自由度 $\quad f_A = r - 1 = 3 - 1 = 2$

$\quad f_B = r - 1 = 3 - 1 = 2$

$\quad f_C = r - 1 = 3 - 1 = 2$

误差自由度 $\quad f_e = f_T - (f_A + f_B + f_C) = 8 - (2 + 2 + 2) = 2$

第七步：计算平均偏差平方和。

各因素的均方 $\quad A: MS_A = \dfrac{S_A}{f_A} = \dfrac{0.005339}{2} = 0.0026695$

$$B: MS_B = \frac{S_B}{f_B} = \frac{0.016539}{2} = 0.0082695$$

$$C: MS_C = \frac{S_C}{f_C} = \frac{0.013089}{2} = 0.0065445$$

误差均方

$$e: MS_e = \frac{S_e}{f_e} = \frac{0.0017386}{2} = 0.0008693$$

第八步：计算各因素的 F 值。

$$A: F_A = \frac{MS_A}{MS_e} = \frac{0.0026695}{0.0008693} = 3.07$$

$$B: F_B = \frac{MS_B}{MS_e} = \frac{0.0082695}{0.0008693} = 9.51$$

$$C: F_C = \frac{MS_C}{MS_e} = \frac{0.0065445}{0.0008693} = 7.53$$

第九步：F 值检验。
查 F 分布临界值表得：$F_{0.25}(2, 2) = 3$；$F_{0.10}(2, 2) = 9$；$F_{0.05}(2, 2) = 19$。
第十步：制订方差分析表。
将上述计算结果列于方差分析表 6.9 中，并进行显著性检验。

表 6.9　F_x 试验结果方差分析表

方差来源	偏差平方和 S	自由度 f	平均偏差平方和 S/f	F 值	显著性
A	0.005339	2	0.0026695	3.07	[*]
B	0.016539	2	0.0082695	9.51	(*)
C	0.013089	2	0.0065445	7.53	(*)
误差 e	0.0017386	2	0.0008693		
总和 T	0.0367056	8			
F_α	$F_{0.25}(2, 2) = 3$	$F_{0.10}(2, 2) = 9$	$F_{0.05}(2, 2) = 19$		

注　[*] 代表一般显著，(*) 代表显著。

力 F_y 的方差分析与力 F_x 的方差分析一样，F_y 方差分析结果列于表 6.10 中。方差分析结果表明，因素 A、B、C 在水平上均显著，其中因素 A，即主轴转速一般显著，因素 B、C，即进给速度、切削深度显著，其显著性略大于主轴转速。方差分析与极差分析的结果基本相符。因此，若想降低法向切削力，可采取的办法是提高转速，降低进给速度与铣削深度，但降低进给速度和铣削深度的影响较明显。

表 6.10　F_y 试验结果方差分析表

方差来源	偏差平方和 S	自由度 f	平均偏差平方和 S/f	F 值	显著性
A	0.000467	2	0.0002335	7.06	(*)
B	0.0026	2	0.0013	39.39	*
C	0.002867	2	0.0014335	43.44	*
误差 e	0.000066	2	0.000033		
总和 T	0.00600	8			

F_α：$F_{0.25}(2,2)=3$　$F_{0.10}(2,2)=9$　$F_{0.05}(2,2)=19$　$F_{0.01}(2,2)=99$

注　(*)代表显著，*代表非常显著。

在实际的生产中，根据加工环境需要选择合理的工艺参数，在保证效益、效率的同时，可以降低刀具承受的总切削力，增加其使用寿命。

第7章 基于神经网络花岗岩加工切削力预测

在金刚石刀具切削石材的过程中，不同的加工工艺参数会使金刚石刀具受到不同的切削力。不同的切削力会影响金刚石刀具的加工效率和自身寿命。因此，可以说金刚石刀具的加工效率和自身的寿命与金刚石刀具加工过程中的加工工艺参数密切相关。本书的意图在于利用神经网络的预测功能，通过给神经网络输入不同的加工工艺参数来预测切削力大小，并将切削力预测值与金刚石刀具断裂实验中所能承受的最大切削力对比来判断加工工艺参数的优劣。本章采用两种不同的神经网络进行学习，进而建立、训练和最终验证神经网络对花岗岩加工切削力预测的准确性及可行性，并从中比较出效果更优的神经网络预测方法。

7.1 人工神经网络模型概述

人工神经网络由神经元构成，不同神经元的组合、信息传导、信息处理与信息存储决定了不同的人工神经网络的特性。神经网络的功能与其内部神经元的连接方式、处理方式与互联结构密切相关。因此，神经网络的结构成为决定网络优越性的重要条件。

7.1.1 人工神经元模型

神经元，又名神经细胞，是神经系统的结构与功能单位之一。在人工神经网络中，神经网络本身是由不同的神经元构成的，并且神经元与神经元之间相互关联。每个神经元都表示一种特定输出的函数，叫作激励函数。每两个神经元之间的关联都表示一种对于通过该关联信号的加权值，称为权重。神经网络输出层的输出要依赖神经网络内神经元之间连接的方式。而神经网络自身通常是对算法或者函数的逼近，也可能是对一种逻辑策略的表达。

7.1.1.1 神经元的建模

人们提出神经元模型最早要追溯到 1943 年，由心理学家 McCulloch 和数学家 W. Pitts 在分析总结神经元基本特性的基础上首先提出的 MP 模型。该模型经过不断改进后，形成目前广泛的应用形式——神经元的模型。

如图 7.1 所示为一个神经元的模型。图中 $P_j(j = 1, 2, \cdots, r)$ 为各个输入量，$W_j(j = 1, 2, \cdots, r)$ 为各个权值的分量，输入分量 $P_j(j = 1, 2, \cdots, r)$ 与对应的权值量 $W_j(j = 1, 2, \cdots, r)$ 相乘求和后构成激励函数 $f(\cdot)$ 的输入端，用公式表示为 $\sum_{j=1}^{r} w_j p_j$。激励函数的另外一个输入端为神经元的阈值 b。同时，权值 W_j 和输入 P_j 的矩阵形式可以由 W 的行矢量及 P 的列矢量表示：

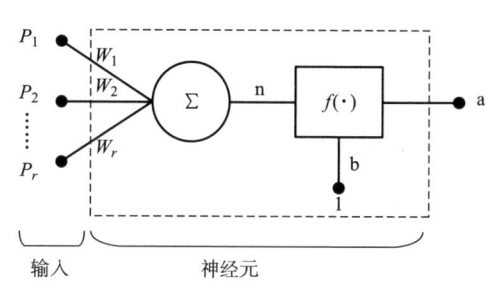

图 7.1 单个神经元模型

$$W[W_1 \quad W_2 \quad \cdots \quad W_4] \tag{7.1}$$

$$P[P_1 \quad P_2 \quad \cdots \quad P_r] \tag{7.2}$$

神经元模型的输出矢量可表示为：

$$A = f(w \times p + b) = f\left(\sum_{j=1}^{r} w_j p_j + b\right) \tag{7.3}$$

由上式可看出，阈值加在 $W \times P$ 上，成为激励函数的又一个输入量。事实上，阈值也是一个权值，只是它的输入是固定常数 1。在网络的设计中，阈值 b 使激活函数的图形可以左右移动，从而增加了解决问题的可能性。

7.1.1.2 激励转移函数

激励转移函数简称激励函数，执行对该神经元所获得的网络输入的变换，是一个神经元及网络的核心之一。也可以称为激活函数、活化函数：$o = f(net)$。神经网络解决问题的能力与功效除了与网络结构有关外，在很大程度上取决于网络所采用的激励函数。激励函数的基本作用主要包括：控制输入与输出的激活作用；对金刚石刀具加工石材的加工工艺参数与该加工工艺参数下的切削力进行函数转换；将可能无限域的输入变换成指定的有限范围内的输出。

一般情况下，称一个神经网络是线性或非线性取决于神经网络中的激励函数的性质，换句话说，激励函数的线性或非线性决定了神经网络的线性或非线性。

下面是几种常用的激励函数。

（1）阈值型（硬限制型）激励函数（图 7.2）。这种激励函数将任意输入的数据转化为 0 或 1 的输出，函数 $f(\cdot)$ 为单位阶跃函数。具有此函数的神经元的输入/输出函数关系为：

93

$$f(net) = \begin{cases} \beta & \text{if } net \geq \theta \\ -\gamma & \text{if } net \leq \theta \end{cases} \quad (7.4)$$

β，γ，θ 均为非负实数，θ 为阈值。

二值形式：

$$f(net) = \begin{cases} 1 & \text{if } net > \theta \\ 0 & \text{if } net \leq \theta \end{cases} \quad (7.5)$$

双极形式：

$$f(net) = \begin{cases} 1 & \text{if } net > \theta \\ -1 & \text{if } net \geq \theta \end{cases} \quad (7.6)$$

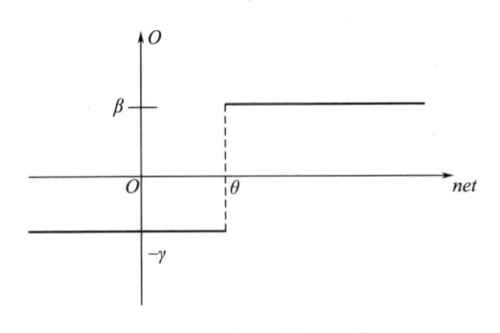

图 7.2 阈值型激励函数

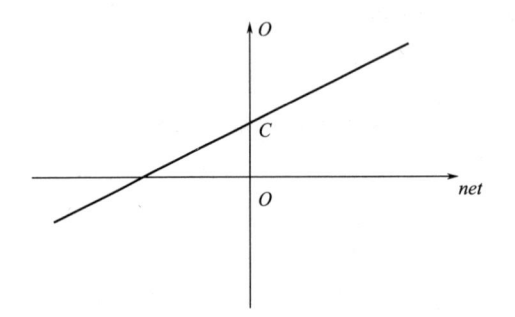

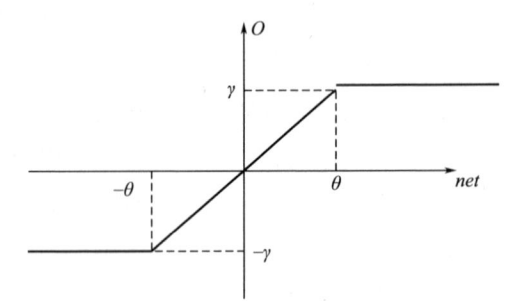

（2）线性激励函数（图 7.3）。线性激励函数使网络的输出等于加权输入并加上阈值。此函数的输入/输出关系为：

$$f(net) = k \times net + c \quad (7.7)$$

（3）非线性斜面激励函数（图 7.4）。非线性斜面激励函数使网络的输出为一分段函数。此函数的输入/输出关系为：

$$f(net) = \begin{cases} \gamma & \text{if } net \geq \theta \\ k \times net & \text{if } |net| \leq \theta \\ -\lambda & \text{if } net \leq -\theta \end{cases} \quad (7.8)$$

$\gamma > 0$ 为一常数，被称为饱和值，为该神经元的最大输出。

图 7.3 线性激励函数

图 7.4 非线性斜面激励函数

（4）S 形（Sigmoid）激励函数。S 形激励函数将任意无限的输入值转化到有限的范围内。此种激励函数常见的表示形式为对数和双曲正切函数。

对数 S 形激励函数（图 7.5）关系：

$$f(net) = \frac{1}{1 + \exp[-(d + net)]} \quad (7.9)$$

式中：d 为常数。

双曲正切 S 形激励函数（图 7.6）关系：

$$f(net) = \frac{a+b}{1+\exp(d \times net)} \quad (7.10)$$

式中：a，b，d 为常数。

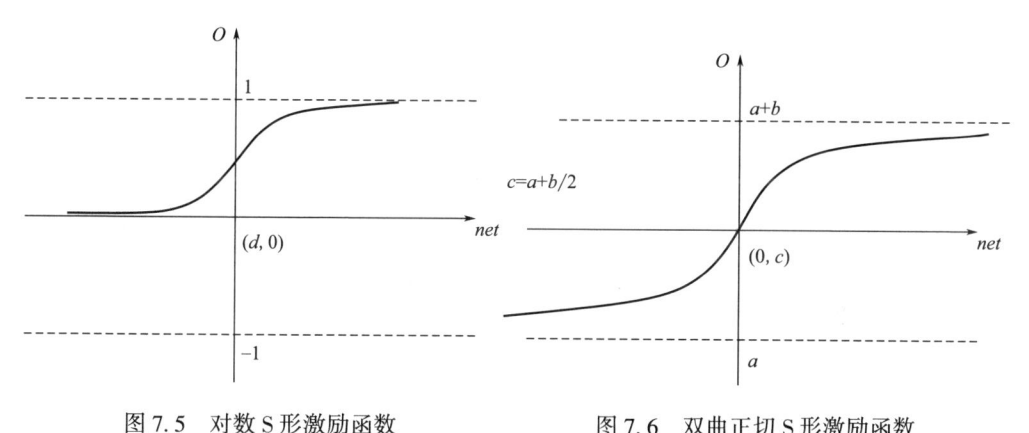

图 7.5　对数 S 形激励函数　　　　　图 7.6　双曲正切 S 形激励函数

S 形激励函数具有非线性放大增益，对任意输入的增益等于在输入/输出曲线中该输入点处的曲线斜率值。其特点是函数本身及其导数都是连续的，因而在处理上十分方便。

当输入由 $-\infty$ 增大到零时，其增益由 0 增至最大；然后当输入由 0 增加至 $+\infty$ 时，其增益又由最大逐渐降低至 0，并总为正值。利用该 S 形激励函数能够使同一个神经网络处理大小不同的信号。由图 7.6 可以看出，S 形激励函数左右两端的低增益区间可以处理大的输入信号，中间的高增益区间则用以处理小的输入信号。

7.1.2　人工神经网络结构

从神经网络传递信息的方式来分，人工神经网络可分为前馈型网络和反馈型网络。

7.1.2.1　前馈型神经网络

前馈型神经网络是一种由一层或多层非线性处理单元组成的。相邻层之间通过突触权阵连接起来。由前一层的输出作为下一层的输入，因此，此类神经网络为前向的神经网络。从处理信息的角度理解，网络中的节点一般分为两类：一类是网络输入端节点，它负责将外界信息输入神经网络中；另一类是隐含层或输出层节点，

▶ 花岗岩加工机理及加工效能研究

它可以对输入节点内的信息进行处理。在处理信息的过程中，信息从输入层输入，上一层的输出是下一层的输入，信息逐层传递，没有反馈回路。这种不形成回路反馈的神经网络称为前馈型神经网络，如图7.7所示。前馈型神经网络又分为单层神经网络模型和多层神经网络模型。

（1）单层神经网络。单层神经网络只有一层神经网络，在这层神经网络中有两个或两个以上的神经元并联起来，给予每个神经元相同的输入矢量，神经元与神经元之间不发生连接，使每一个神经元产生一个输出。图7.8为一个具有 r 个输入分量，s 个神经元的单层神经元网络结构。

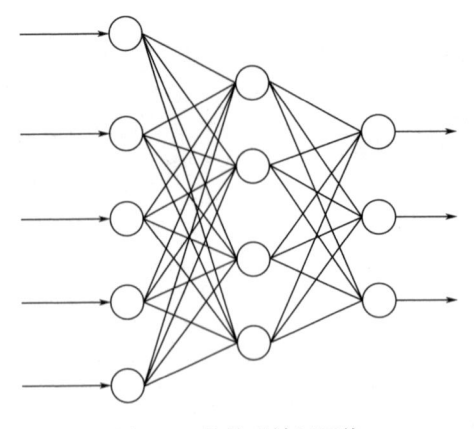

图7.7 前馈型神经网络

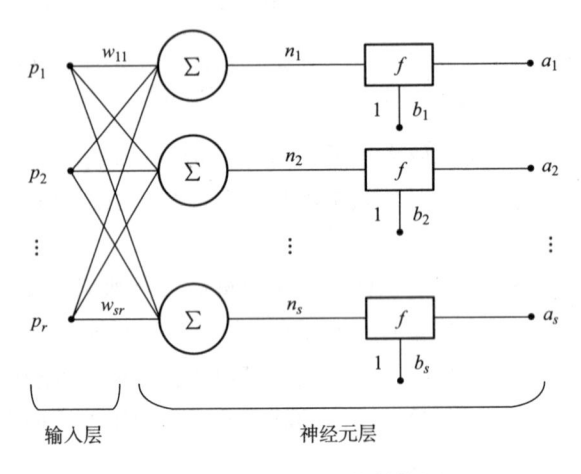

图7.8 单层神经网络结构图

（2）多层神经网络。将两个以上的单层神经网络级联起来便组成了多层神经网络。一个人工神经网络可以有若干层，每层网络都会有一个权矩阵 W，一个偏差矢量 B 和一个输出矢量 A。图7.9所示为一个三层神经网络的结构图。

由图7.9可见，该神经网络具有 r 个输入量，第一层神经元个数为 s_1，第二层的神经元个数为 s_2。在多层神经网络中，不同层有不同的神经元数目，每个神经元都带有一个输入为常数1的偏差值。多层网络的每一层起着不同的作用，最后一层为网络的输出，称为输出层，所有其他层称为隐含层。

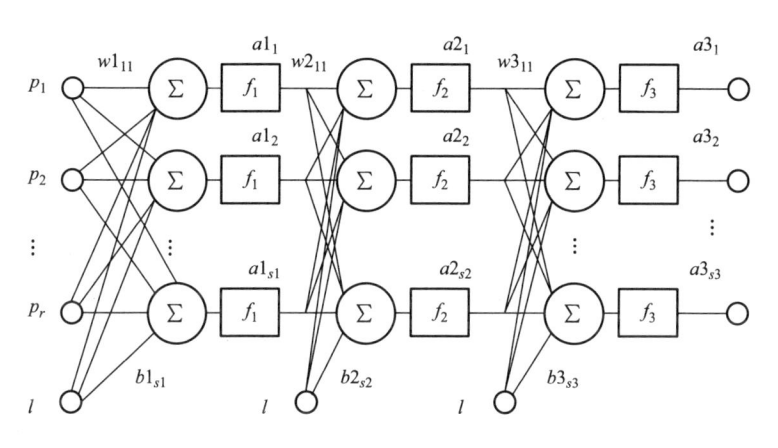

图 7.9　三层神经网络结构图

7.1.2.2　反馈型神经网络

与前馈型神经网络相比，反馈型神经网络的输出信号会与输入相连接而返回到输入端形成一个回路，从而输入端对网络的输出情况进行判断和分析处理。反馈网络中，由于将输出循环返回到输入，所以每一时刻的网络输出不仅取决于当前的输入，而且取决于上一时刻的输出。其输出的初始状态由输入矢量设定后，随着网络的不断运行，从输出反馈到输入的信号不断改变，也使输出不断变化，从而使网络表现出暂态特性，这使反馈网络表现出前向网络所不具有的振荡或收敛特性。图 7.10 为反馈网络结构图。

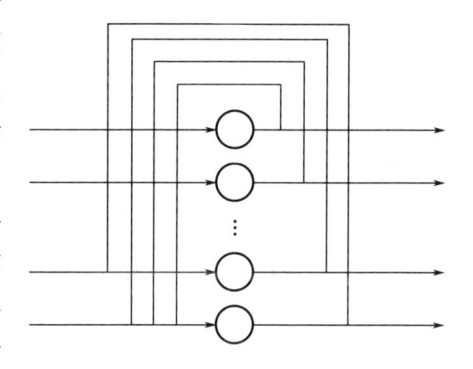

图 7.10　反馈型神经网络结构

7.1.3　人工神经网络训练

人工神经网络最具有吸引力的特点是它的学习能力。1962 年，Rosenblatt 给出了人工神经网络著名的学习定理：人工神经网络可以学会它可以表达的任何东西。人工神经网络的学习过程就是对它的训练过程。

7.1.3.1　人工神经网络的学习算法

人工神经网络的学习是针对一组给定输入，通过外部校正（即调整权系数），使网络产生相应的期望输出的过程。人工神经网络的学习算法有两种：有导师指导的学习和无导师指导的学习。

（1）有导师指导的学习。有导师学习即监督式学习，采用对比纠正规则。如图7.11所示为有导师指导的学习。

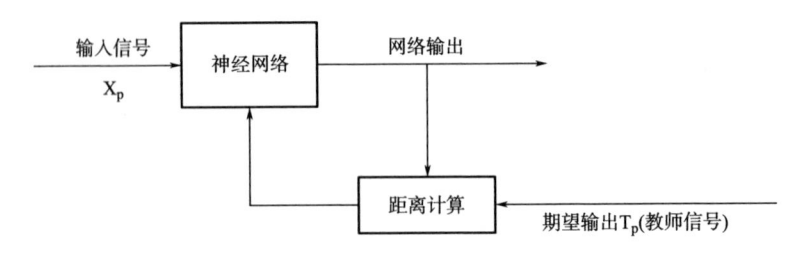

图7.11　有导师指导的神经网络学习方式

由图7.11可以看出，网络在训练的过程中同时提供了输入信号和期望输出，每一次训练后都对网络的实际输出与期望输出进行比较，根据其误差的方向和大小按一定规则调整权值用以纠正输入信号，通过多次反复调整权值修正网络实际输出。经多次训练，使实际输出和期望输出的误差值 e 趋近于 0。网络训练过程中，由于反复修正权值，需要消耗很多时间，所以提高神经网络学习速度是完成网络实时控制的关键。

（2）无导师指导的学习。无导师学习即无监督式学习。图7.12所示为无导师指导的学习。由图7.12可以看出，网络训练过程中，只是不断给网络输入动态信息，而没有预期输出。网络不会根据预期输出进行权值修正，而是根据网络自身内部和学习规则，在输入信息中发现可能存在的规律来调整权值，网络能对属于同类的模式进行自动分类。可以认为，网络权值的调整规则隐含于网络内部。在实际应用中，有些神经网络解决问题的经验信息很少，甚至没有，这种情况下无导师学习就显得更有实际意义。

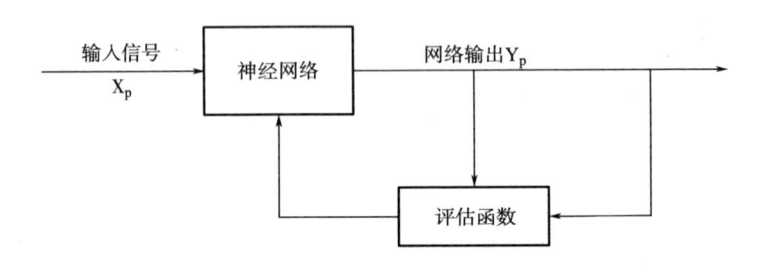

图7.12　无导师指导的神经网络学习方式

7.1.3.2 切削力预测神经网络模型的学习规则

在神经网络拓扑结构确定以后，通过相应的学习方法与之配合，可以使神经网络具有一些智能特性。在神经网络当中，通过不同的网络学习方法来调整人工神经网络的连接权。对于人工神经网络连接权的调整一般有两种方法：根据具体要求直接确定网络连接权和通过不断学习、不断调整得到连接权。后一种方法被多数人工神经网络所采用。人工神经网络的学习规则主要有四种：联想式学习规则、误差纠正学习规则和竞争式学习规则。

（1）联想式学习。联想式学习是模拟人脑的联想功能，典型联想式学习规则是由心理学家 Donall Hebb 于 1949 年提出的神经元连接强度变化的规则，称为 Hebb 学习规则。规则规定每个神经元的状态 S_i（$i=1, 2, \cdots, n$）只取 0 或 1，分别代表抑制和兴奋。每个神经元的状态由 MP 方程决定：

$$S_i = f(a_j w_{ij} s_j - q_i) \quad i = 1, 2, \cdots, n \tag{7.11}$$

式中：w_{ij} 是神经元之间的连接强度，$w_{ii}=0$，w_{ij}（$i \neq j$）是可调实数，由学习过程调整。q_i 是阈值，$f(x)$ 是阶梯函数。如果 i 与 j 两种神经元之间同时处于兴奋状态，则它们之间的连接应加强，即：

$$Dw_{ij} = a s_i s_j \quad a > 0 \tag{7.12}$$

这一法则与"条件反射"学说一致。设 $\alpha=1$，当 $S_i = S_j = 1$ 时，$Dw_{ij}=1$。当 S_i 或 S_j 中有一个为 0 时，$Dw_{ij}=0$。

（2）误差纠正学习。误差由输出层逐层反向传至输入层，由误差修改网络权值，直至得到网络权值适应学习样本。其最终目的是使网络中每一输出单元的实际输出在某种意义上逼近应有输出。一旦选定了目标函数形式，误差纠正学习规则就变成了一个典型的最优化问题。

（3）竞争式学习。Grossberg 等将竞争学习机制引入其建立的自适应共振网络模型（ART）。竞争机制利用不同层间的神经元发生兴奋性联结差异，利用输出神经元之间有侧向性链接，最后达到一个最强者激活。

7.2 基于 BP 神经网络的花岗岩加工切削力预测

根据试验测出的 100 组花岗岩铣削力的试验样本（分别包括进给速度、切削深度、主轴转速这三个输入因素和铣削力在 x 方向的分力、铣削力在 y 方向的分力、合力这三个输出因素）对神经网络进行训练，待训练完成后，各层的连接权值确定下来。对未知的样本进行仿真，这里选用另外的 9 组正交试验样本用于验证网络模型预测的准确性。

7.2.1 BP 网络拓扑结构与训练算法

BP 网络是一种单向传播的多层前向网络，由输入层（input layer）、隐含层（hide layer）和输出层（output layer）节点构成，每一层节点的输出只影响下一层节点的输出，其网络结构见图 7.13。其中 u 和 y 分别为网络输入、输出向量，每个节点表示一个神经元。可将 u 端放入金刚石刀具加工石材时切削力的三个加工工艺参数[即主轴转速 n（r/min）、进给速度 v_f（mm/min）和切削深度 a_p（mm）]，在 y 端放入所产生的切削力[即 $F_x(kN)$、$F_y(kN)$、$F_\Sigma(kN)$]。BP 神经网络结构的隐含层节点可为一层或多层，同层节点没有任何耦合，前层节点到后层节点通过权连接。输入信号从输入层节点依次通过各隐含层节点到达输出层节点。输入层节点的传递函数一般为 (0,1)。隐含层节点的传递函数为 S 形函数 $f(x)=\dfrac{1}{1+e^{-x}}$，但在输出层节点的传递函数为线性函数。

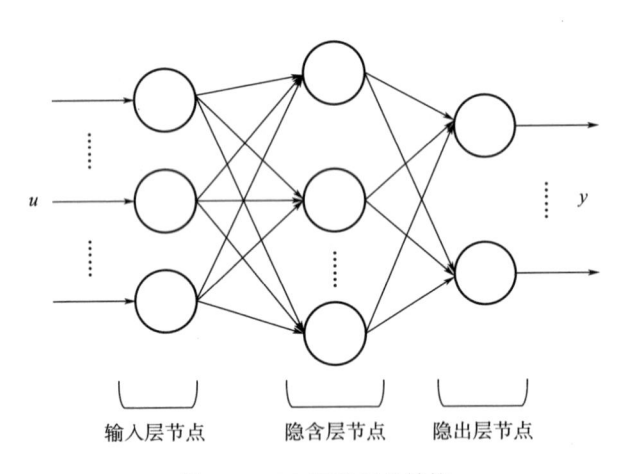

图 7.13 BP 网络拓扑结构

7.2.1.1 BP 神经网络算法

推导基本 BP 算法包括两个方面：信号的前向传播和误差的反向传播。即计算实际输出时按从输入到输出的方向进行，而权值和阈值的修正从输出到输入的方向进行。

图 7.14 为 BP 网络结构。图中：x_j 表示输入层第 j 个节点（即第 j 种加工工艺参数）的输入，$j=1,\cdots,m$；w_{ij} 表示隐含层第 i 个节点到输入层第 j 个节点之间的

第7章 基于神经网络花岗岩加工切削力预测

权值；θ_i 表示隐含层第 i 个节点的阈值；$\phi(x)$ 表示隐含层的激励函数；w_{ki} 表示输出层第 k 个节点（即第 k 种要输出的切削力分力）到隐含层第 i 个节点之间的权值，$i=1,\cdots,q$；a_k 表示输出层第 k 个节点的阈值，$k=1,\cdots,l$；$\Psi(x)$ 表示输出层的激励函数；o_k 表示输出层第 k 个节点的输出。

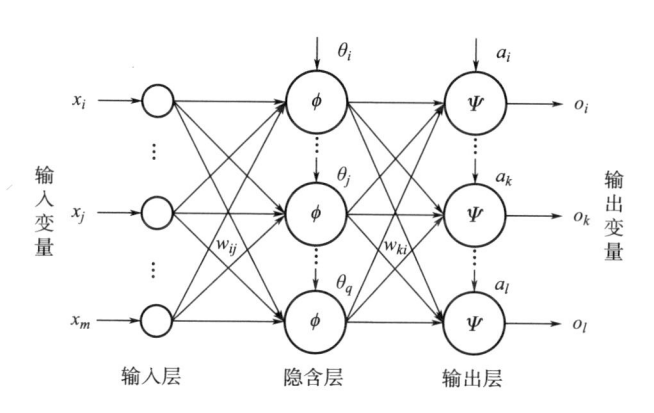

图 7.14　BP 网络结构

（1）信号的前向传播过程。

隐含层第 i 个节点的输入 net_i：

$$net_i = \sum_{j=1}^{m} w_{ij}x_j + \theta_i \tag{7.13}$$

隐含层第 i 个节点的输出 y_i：

$$y_i = net_i + \left(\sum_{j=1}^{m} w_{ij}x_j + \theta_i\right) \tag{7.14}$$

输出层第 k 个节点的输入 net_k：

$$net_k = \sum_{i=1}^{q} w_{kj}y_i + a_k - \sum_{i=1}^{q} w_{kj}y_i \phi\left(\sum_{j=1}^{m} w_{ij}x_j + \theta_i\right) + u_k \tag{7.15}$$

输出层第 k 个节点的输出 o_k：

$$o_k = \Psi(net_k) = \Psi\left(\sum_{i=1}^{q} w_{kj}y_i + a_k\right) = \Psi\left[\sum_{i=1}^{q} w_{kj}y_i \phi\left(\sum_{j=1}^{m} w_{ij}x_j + \theta_i\right) + a_k\right] \tag{7.16}$$

（2）误差的反向传播过程。误差的反向传播，即首先输出层开始逐层计算各层神经元的输出误差，然后根据误差梯度下降法来调节各层的权值和阈值，使修改后的网络的最终输出能接近期望值。

对于每一个金刚石刀具加工花岗岩切削力的样本 p 的二次型误差准则函数 E_p 为：

$$E_p = \frac{1}{2} \sum_{k=1}^{l} (T_k^p - o_k^p)^2 \qquad (7.17)$$

对 p 个金刚石刀具切削力的训练样本的总误差准则函数 E 为：

$$E = \frac{1}{2} \sum_{p=1}^{p} \sum_{k=1}^{l} (T_k^p - o_k^p)^2 \qquad (7.18)$$

根据误差梯度下降法依次修正输出层权值的修正量 Δw_{ki}，输出层阈值的修正量 Δa_k，隐含层权值的修正量 Δw_{ki}，隐含层阈值的修正量 $\Delta \theta_i$。

$$\Delta w_{ki} = -\eta \frac{\partial E}{\partial w_{ki}}; \Delta a_k = -\eta \frac{\partial E}{\partial a_k}; \Delta w_{ij} = -\eta \frac{\partial E}{\partial w_{ij}}; \Delta \theta_i = -\eta \frac{\partial E}{\partial \theta_i} \qquad (7.19)$$

金刚石刀具切削力输出层权值调整公式：

$$\Delta w_{ki} = -\eta \frac{\partial E}{\partial w_{ki}} = -\eta \frac{\partial E}{\partial net_k} \frac{\partial net_k}{\partial w_{ki}} = -\eta \frac{\partial E}{\partial o_k} \frac{\partial o_k}{\partial net_k} \frac{\partial net_k}{\partial w_{ki}} \qquad (7.20)$$

金刚石刀具切削力输出层阈值调整公式：

$$\Delta a_k = -\eta \frac{\partial E}{\partial a_k} = -\eta \frac{\partial E}{\partial net_k} \frac{\partial net_k}{\partial a_k} = -\eta \frac{\partial E}{\partial o_k} \frac{\partial o_k}{\partial net_k} \frac{\partial net_k}{\partial a_k} \qquad (7.21)$$

金刚石刀具切削力隐含层权值调整公式：

$$\Delta w_{ij} = -\eta \frac{\partial E}{\partial w_{ij}} = -\eta \frac{\partial E}{\partial net_i} \frac{\partial net_i}{\partial w_{ij}} = -\eta \frac{\partial E}{\partial y_i} \frac{\partial y_i}{\partial net_i} \frac{\partial net_i}{\partial w_{ij}} \qquad (7.22)$$

金刚石刀具切削力隐含层阈值调整公式：

$$\Delta \theta_i = -\eta \frac{\partial E}{\partial \theta_i} = -\eta \frac{\partial E}{\partial net_i} \frac{\partial net_i}{\partial \theta_i} = -\eta \frac{\partial E}{\partial y_i} \frac{\partial y_i}{\partial net_i} \frac{\partial net_i}{\partial \theta_i} \qquad (7.23)$$

又因为：

$$\frac{\partial E}{\partial o_k} = -\sum_{p=1}^{p} \sum_{k=1}^{l} (T_k^p - o_k^p) \qquad (7.24)$$

$$\frac{\partial net_k}{\partial w_{ki}} = y_i, \quad \frac{\partial net_k}{\partial a_k} = 1, \quad \frac{\partial net_i}{\partial w_{ij}} = x_j, \quad \frac{\partial net_i}{\partial \theta_i} = 1 \qquad (7.25)$$

$$\frac{\partial E}{\partial y_j} = -\sum_{p=1}^{p} \sum_{k=1}^{l} (T_k^p - o_k^p) \cdot \psi'(net_k) \cdot w_{ki} \qquad (7.26)$$

$$\frac{\partial y_j}{\partial net_i} = \psi'(net_i) \qquad (7.27)$$

$$\frac{\partial o_k}{\partial net_k} = \psi'(net_k) \qquad (7.28)$$

由此得到以下公式：

第7章 基于神经网络花岗岩加工切削力预测

$$\Delta w_{kj} = \eta \sum_{p=1}^{p} \sum_{k=1}^{l} (T_k^p - o_k^p) \cdot \psi'(net_k) \cdot y_j \tag{7.29}$$

$$\Delta a_k = \eta \sum_{p=1}^{p} \sum_{k=1}^{l} (T_k^p - o_k^p) \cdot \psi'(net_k) \tag{7.30}$$

$$\Delta w_{ij} = \eta \sum_{p=1}^{p} \sum_{k=1}^{l} (T_k^p - o_k^p) \cdot \psi'(net_k) \cdot w_{ki} \cdot \psi'(net_i) \cdot x_j \tag{7.31}$$

$$\Delta \theta_i = \eta \sum_{p=1}^{p} \sum_{k=1}^{l} (T_k^p - o_k^p) \cdot \psi'(net_k) \cdot w_{ki} \cdot \psi'(net_i) \tag{7.32}$$

7.2.1.2 BP 网络的训练规则

金刚石刀具切削力预测的 BP 算法程序流程如图 7.15 所示。

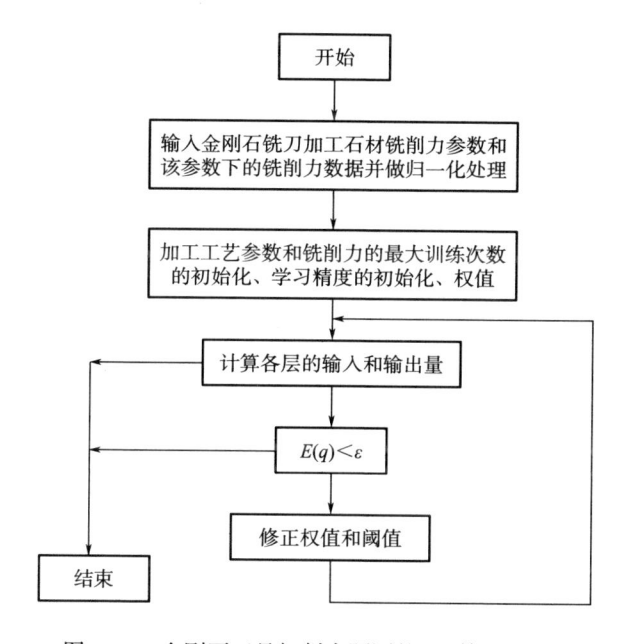

图 7.15 金刚石刀具切削力预测的 BP 算法流程图

选取一组输入样本 $P_k = (a_{1k}, a_{2k}, \cdots, a_{nk})$ 和一组目标样本 $T_k = (s_{1k}, s_{2k}, \cdots, s_{pk})$ 提供给网络。本章选取第 3 章中通过单因素试验测出的 100 组试验样本作为输入端和输出端的训练样本。

（1）用输入样本 $P_k = (a_{1k}, a_{2k}, \cdots, a_{nk})$、连接、权值 w_{ij} 和阈值 θ_j 计算出中间层各个单元的输入向量 s_j，再用 s_j 通过传递函数计算出中间层各个单元的输出 b_j。

$$s_j = \sum_{i=1}^{n} w_{ij} a_j - \theta_j \quad j = 1, 2, \cdots, p \tag{7.33}$$

$$b_j = f(s_j) \quad j = 1, 2, \cdots, p \tag{7.34}$$

(2) 利用中间层的输出 b_j、阈值 γ_t 和连接权 v_{jt} 计算输出层各个单元的输出 L_t，再利用 L_t 通过传递函数计算输出层各个单元的响应 c_t。

$$L_t = \sum_{j=1}^{p} v_{jt} b_j - \gamma_t \quad t = 1, 2, \cdots, q \tag{7.35}$$

$$c_t = f(L_t) \quad t = 1, 2, \cdots, q \tag{7.36}$$

(3) 利用网络的目标向量 $T_k = (y_1, y_2, \cdots, y_n)$，网络实际的输出 c_t，计算输出层各单元一般化误差 d_{tk}。

$$d_{tk} = (y_{tk} - c_t)c_t(1 - c_t) \tag{7.37}$$

(4) 利用连接权 v_{jt}、输出层的一般化误差 d_t 与中间层的输出 b_j 来计算中间层各个单元的一般化误差 e_{jk}。

$$e_{jk} = \left[\sum_{t=1}^{q} d_t \cdot v_{jt}\right] b_j (1 - b_j) \tag{7.38}$$

(5) 利用中间层各个单元的输出与输出层各个单元的一般化误差 d_{tk} 来修正连接权 v_{jt} 和阈值 γ_t。

$$v_{jt}(N + 1) = v_{jt}(N) + a \cdot d_{tk} \cdot b_j \tag{7.39}$$

$$(N + 1) = (N) + a \cdot d_{tk} \tag{7.40}$$

$$t = 1, 2, \cdots, q; j = 1, 2, \cdots, p; 0 < a < 1$$

(6) 利用输入层各个单元的输入 $P_k = (a_1, a_2, \cdots, a_n)$ 和中间层各个单元的一般化误差 e_{jk} 修正阈值 θ_j 和连接权 w_{ij}。

$$w_{ij}(N + 1) = w_{ij}(N) + \beta e_{jk} a_{ik} \tag{7.41}$$

$$\theta_j(N + 1) = \theta_j(N) + \beta e_{jk} \tag{7.42}$$

$$i = 1, 2, \cdots, n; j = 1, 2, \cdots, p; 0 < \beta < 1$$

(7) 再随机选取另一个训练样本的向量提供给网络，返回到之前的步骤（3），以此循环，直到 m 个训练样本训练完毕为止。

(8) 重新从 m 个训练样本中随机选取一组输入样本和目标样本，返回到式(7.33)中，直到训练以后的网络全局误差 E 小于预先设定的一个极小值，则说明该神经网络收敛；若学习训练次数大于预先设定值，则网络无法收敛，之后训练结束。

7.2.2 切削力预测的 BP 网络结构设计

7.2.2.1 BP 神经网络层数的确定

对于 BP 神经网络，有一点是非常重要的，即对于任何的一个连续函数在其闭区间内都可以通过单隐层 BP 网络逼近，而对于一个不连续的函数，则需要两个隐含层用以形成输入信号转换和处理信号,其能力随着层数的增加而增加。在有足够多的隐含层节点的情况下,输入模式总能转换为适当的输出模式。但如果隐含层层数过多就会造成神经网络过于复杂,从而带来误差反向传播的计算过程复杂化,从而使训练时间增多,并且隐含层层数的增加还可能使网络的权重难以调整到最小误差处。

因此,在本课题关于预测金刚石刀具的研究中设计一个包含单隐含层的 BP 神经网络就可完成任意 n 维到 m 维的映射,即整个网络为三层网络,即输入层、隐含层和输出层。

7.2.2.2 输入层与输出层神经元个数

在网络输入端,输入的神经元可根据需要求解的问题和数据表示方式确定。如果输入的是模拟信号波形,则输入层可以根据波形的采样点数目决定输入单元的维数,也可以用一个单元输入,这时输入样本为采样的时间序列;如果输入为图像,则输入单元可以为图像的像素,也可以是经过处理的图像特征。

在本课题中,用 BP 神经网络对输入层与输出层的神经元数进行确定,输入层神经元数就等于样本的特征矢量维数,输出层神经元数等于样本的模式类别数。这里我们提取了 3 个特征数据,分别为主轴转速 $n(\text{r/min})$、进给速度 v_f(mm/min) 和切削深度 $a_\text{p}(\text{mm})$,把它们作为网络的输入,所以该网络的输入层神经元数为 3,对合力进行预测。为使输出具有强的代表性并便于将来的控制与决策,将输出层神经元数定为 3,即每个神经元代表一种力,这样便确定了网络输入层和输出层的神经元数,即节点数目,再由输入层与输出层神经元数确定隐含层的神经元数。

7.2.2.3 隐含层神经元的确定

一般来说,确定隐含层神经元的数目需要根据神经网络设计者的经验和很多次试验来确定,因而不存在一个理想的解析式表示。因为隐含层神经元个数与预测问题的要求、输入输出单元的数目有直接关系,隐含层神经元数过多会导致学习时间过长,误差值不确定最佳,同时导致容错性差,无法识别之前没看到的样本。一般来说,可用下面 3 个经验公式来选择最佳隐含层神经单元数:

(1) $\sum_{i=0}^{n} C_{n_1}^{i} > k$,其中:$k$ 是样本数,n_1 是隐单元数,n 是输入单元数。如果 $i > n_1$,$C_{n_1}^{i} = 0$;

(2) $n_i = \sqrt{n+m} + a$,其中:m 是输出神经元数,n 是输入单元数,a 是 [1,10] 之间的常数;

(3) $n_i = \lg^{2n}$，其中：n 是输入单元数。

还有一种方法来确定隐单元数目，首先使隐单元数目可变，或放入一定多的隐单元，将学习后不起作用的隐单元剔除，直到不可收缩。也可以在开始时放入比较少的神经元，学习到一定次数后，如果不成功则再增加隐单元的数目，直到达到比较合理的隐单元数目。

针对本课题，根据实验条件和神经网络建模要求，可以建立一个三输入三输出的网络结构。在输入和输出变量确定之后，网络输入层和输出层的神经元个数分别与变量个数相等，未确定的隐含层神经元个数就表征了网络的复杂度。显然，在满足建模性能要求的前提下，隐含层神经元个数越少越好。本书选用第二类经验公式确定隐含层神经元个数的初值：

$$n_i = \sqrt{n+m} + a \qquad (7.43)$$

式中：n_i 为隐含层神经元个数，n 为输入神经元个数，m 为输出神经元个数，$n=3$，$m=3$；a 为常数，取 [1,10] 之间的数。

根据式（7.43），考虑到所见模型的复杂度不高，取 $a=1\sim5$。隐含层神经元个数可以在 3~8 范围内进行尝试。设置不同的隐含层神经元个数，分别经过网络训练。训练结束所得均方误差 mse（mean squared error）值见表 7.1。

表7.1 不同神经元个数的训练误差对比

神经元个数	3	4	5	6	7	8
mse/（×10^{-3}）	0.8288	0.4523	0.0853	0.0984	0.4509	0.5152

从表 7.1 可以看出，误差随着神经元个数的增加呈现先减小后增大的趋势，所以并不是说神经元个数越多网络性能就越好，当隐含层神经元个数为 5 时，误差最小，网络的逼近效果最好。经过反复训练和对比，考虑到网络的性能要求和泛化能力，确定该切削力预测网络隐含层的神经元个数为 5。

7.2.2.4 网络的激励函数及算法的选择

根据切削力预测网络的实际要求和要达到的网络输出目的，隐含层的激励函数选择 S 形激励函数，即 $f(x) = \dfrac{1}{1+e^{-x}}$。S 形激励函数之所以被广泛应用，除了它的非线性和处处连续可导性外，更重要的是由于该函数对信号具有很好的增益控制。函数值域可由用户根据实际需要给定，在 |net| 的值比较小时，$f(net)$ 有一个较大的增益；在 |net| 值比较大时，$f(net)$ 有一个较小的增益，这为防止网络进入饱和状态提供了良好的支持。它的输出性质与所要求的网络输出具有相同性质。由于输入

第7章 基于神经网络花岗岩加工切削力预测

输出都为正数，则选择输入层—隐含层、隐含层—输出层的激励函数分别为 tansig 函数和 purelin 函数，这样整个网络的输出可以取任意值。

对于算法的选择，使用实验测得的样本对 MATLAB 工具箱里的主要训练算法进行对比运算，选择 trainlm、traingdx、traingdm、traingda、traingd、trainscg、trainrp、traincgb、traincgf 这 9 个训练算法对部分样本训练，隐含层节点数为 3~8 个，预设 2 种精度，分别为 $1.00×10^{-5}$ 和 $1.00×10^{-3}$，最大迭代次数设为 300，运算结果见表 7.2~表 7.10。

表 7.2 切削力预测网络的 trainlm 训练参数

隐含层节点数	设定精度	训练精度	训练次数	训练时间/s
8	$1.00×10^{-5}$	$2.32×10^{-7}$	8	0.328
7		$4.88×10^{-6}$	13	0.343
6		$3.15×10^{-6}$	14	0.359
5		$3.40×10^{-6}$	9	0.328
4		$9.71×10^{-6}$	41	0.513
3		$3.40×10^{-5}$	300	2.265

表 7.3 切削力预测网络的 traingdx 训练参数

隐含层节点数	设定精度	训练精度	训练次数	训练时间/s
8	$1.00×10^{-3}$	$2.29×10^{-3}$	300	1.75
7		$2.52×10^{-3}$		1.75
6		$2.20×10^{-3}$		1.766
5		$2.17×10^{-3}$		1.75
4		$2.78×10^{-3}$		1.75
3		$2.42×10^{-3}$		1.781

表 7.4 切削力预测网络的 traingdm 训练参数

隐含层节点数	设定精度	训练精度	训练次数	训练时间/s
8	$1.00×10^{-3}$	$5.65×10^{-2}$	300	1.782
7		$5.29×10^{-2}$		1.719
6		$5.43×10^{-2}$		1.766
5		$5.69×10^{-2}$		1.797
4		$5.62×10^{-2}$		1.75
3		$5.56×10^{-2}$		1.766

表 7.5 切削力预测网络的 traingda 训练参数

隐含层节点数	设定精度	训练精度	训练次数	训练时间/s
8	1.00×10^{-3}	2.90×10^{-3}	300	1.719
7		2.88×10^{-3}		1.781
6		2.87×10^{-3}		1.844
5		3.00×10^{-3}		1.781
4		2.85×10^{-3}		1.766
3		3.05×10^{-3}		1.75

表 7.6 切削力预测网络的 traingd 训练参数

隐含层节点数	设定精度	训练精度	训练次数	训练时间/s
8	1.00×10^{-3}	4.82×10^{-2}	500	2.781
7		5.41×10^{-2}		2.765
6		4.96×10^{-2}		2.766
5		5.07×10^{-2}		2.75
4		5.26×10^{-2}		2.735
3		5.46×10^{-2}		2.813

表 7.7 切削力预测网络的 trainscg 训练参数

隐含层节点数	设定精度	训练精度	训练次数	训练时间/s
8	1.00×10^{-5}	9.17×10^{-6}	172	1.516
7		9.93×10^{-6}	181	1.594
6		2.41×10^{-5}	300	2.391
5		1.76×10^{-5}	300	2.421
4		2.38×10^{-5}	300	2.391
3		2.39×10^{-4}	300	2.407

表 7.8 切削力预测网络的 trainrp 训练参数

隐含层节点数	设定精度	训练精度	训练次数	训练时间/s
8	1.00×10^{-3}	1.01×10^{-3}	144	1.047
7		1.63×10^{-3}	300	1.953
6		1.01×10^{-3}	250	1.657
5		2.09×10^{-3}	300	1.922
4		1.82×10^{-3}	300	1.938
3		1.11×10^{-3}	300	1.937

表7.9 切削力预测网络的 traincgb 训练参数

隐含层节点数	设定精度	训练精度	训练次数	训练时间/s
8	1.00×10^{-5}	8.56×10^{-6}	111	1.235
7		9.89×10^{-6}	218	2.204
6		1.00×10^{-5}	286	2.719
5		9.11×10^{-6}	137	1.469
4		9.84×10^{-6}	158	1.578
3		1.88×10^{-4}	300	1.812

表7.10 切削力预测网络的 traincgf 训练参数

隐含层节点数	设定精度	训练精度	训练次数	训练时间/s
8	1.00×10^{-5}	9.69×10^{-6}	276	2.407
7		9.90×10^{-6}	202	1.782
6		9.71×10^{-6}	280	2.36
5		6.48×10^{-5}	300	2.609
4		9.89×10^{-6}	241	2.125
3		2.96×10^{-4}	300	2.563

从表7.2~表7.10可以看出，采用 traincgf Levenberg-Marquard 进行网络训练，收敛速度快，且精度高于其他算法，因此铣削力预测网络选用 Levenberg-Marquardt 算法作为 BP 网络的训练算法。

7.2.2.5 网络输入

当用多层前向网络做分类的时候需要对原始数据进行预处理，这样既可以消除参数量纲的影响，使参数化归为同一范围内的数据，又可以加快网络的训练速度。S形非线性作用函数随着$|x|$的不断增大，梯度不断下降，即$|f'(x)|$减小，并趋于0，并不利于权值的调整，希望工作在$|x|$较小的区域。所以，数据送入神经网络之前必须要经过预处理，即数据的归一化处理。以下介绍两种常用的归一化方法。

（1）若实际问题给予网络的输入量大于1，需要做归一化处理。将输入数据变换为 [1，10] 区间的值常用以下变换式：

$$\overline{X_i} = \frac{X_i - X_{\min}}{X_{\max} - X_{\min}} \tag{7.44}$$

式中：X_i——输入或输出数据；

$X_{\min}$——输入数据中的最小值；

$X_{\max}$——输入数据中的最大值。

（2）当输入向量或输出向量中的某个分量的取值过于密集时，对其进行归一化处理可将数据点拉开距离。MATLAB 所提供的归一化处理方法是将每组数据都变成 [−1,1] 之间，其涉及的函数有 premnmx、tramnmx 及 postmnmx。将输入的数据归一化，也可以采用以下变换式：

$$\overline{X_i} = \frac{2(X_i - X_{\min})}{X_{\max} - X_{\min}} - 1 \tag{7.45}$$

本书将输入的数据归一化到 [0,1] 之间。

7.2.2.6 初始权值、阈值的选择

由于本系统属于非线性的，初始值对于学习是否能达到局部最小和是否能收敛的结果关系很大。如果初始值过大，会使加权后的输入落在激励函数的饱和区而导致其导函数非常小，权修改量趋近于0，从而使调节过程停顿下来。而初始权值在输入累加时使每一个神经元的状态值接近于零，权值一般比较小，取随机值。输入样本同样要进行归一化处理，使那些较大的输入值仍然能落在传递函数梯度较大的地方。一般在 [−1,1] 内随机取初始权值与阈值。在本文中，权值和阈值都初始化为 [0,0.1] 之间的随机数。

7.2.2.7 误差精度选取

在人工神经网络的学习过程中，要对误差精度确定一个合适的值，通过对比训练并参考隐含层的节点数来确定这个值。之所以考虑隐含层的节点数，是因为较小的误差精度要靠增加隐含层节点和训练的时间来获得。在选取误差精度时，一般要考虑具体应用问题的要求。由于本神经网络较易收敛，所以这里取误差精度为 0.0001。对于一般网络而言，网络难收敛时，误差精度可适当加大；同理，网络较易收敛，误差精度可尽量调小。

7.2.3 BP 神经网络模型的 MATLAB 程序设计

MATLAB 工具箱为使用 BP 神经网络预测数据提供了很大方便，通过调用 MATLAB 工具箱中的函数可以快速建立 BP 神经网络模型。

本文中切削力预测 BP 神经网络模型的部分程序说明如下：

（1）定义输入数据。

$n = [n_1 n_2 n_3 \cdots\cdots n_{100}]$;

$v_\omega = [v_{\omega 1} v_{\omega 2} v_{\omega 3} \cdots\cdots v_{\omega 100}]$;

$a_p = [a_{p1}\ a_{p2}\ a_{p3}\cdots\cdots a_{p100}]$；

$F_x = [F_{x1}\ F_{x2}\ F_{x3}\cdots\cdots F_{x100}]$；

$F_y = [F_{y1}\ F_{y2}\ F_{y3}\cdots\cdots F_{y100}]$；

$F_\Sigma = [F_{\Sigma 1}\ F_{\Sigma 2}\ F_{\Sigma 3}\cdots\cdots F_{\Sigma 100}]$。

（2）输入数据的归一化。

$[p, pts] = \text{mapminmax}(input, 0.1, 0.9)$；

$[t, tts] = \text{mapminmax}(output, 0.1, 0.9)$。

（3）权值和阈值的初始化。

$w_i = 0.1 * rands(H(i), IN)$；

$b_i = 0.1 * rands(H(i), 1)$；

$w_o = 0.1 * rands(Out, H(i))$；

$b_o = 0.1 * rands(Out, 1)$。

（4）建立神经网络。

$net = \text{newff}(minmax(p), [H(i)\ Out], \{'tansig'\ 'purelin'\}, 'trainlm', 'learngdm', 'mse')$。

（5）仿真输出。

$yi = \text{sim}(net, p)$。

（6）输出数据的反归一化。

$y_{i1} = \text{mapminmax}('reverse', yi, tts)$；

$y_{n1} = \text{mapminmax}('reverse', t, tts)$；

$yi = \text{sim}(net, p)$。

7.2.4 BP 神经网络对金刚石刀具切削力预测的性能测试

7.2.4.1 BP 神经网络的训练样本及网络训练

在本研究中，使用单因素试验测得的 100 组试验样本进行训练，使用正交试验测得的 9 组试验样本作为校验数据来检验网络的精度。

在建立网络模型之前，要对数据进行归一化处理，将其处理为区间 [0.1, 0.9] 的数据。归一化方法有很多种形式，这里采用式（7.46）进行归一化。待训练结束后对预测的结果再进行反归一化处理。

$$X_i = \frac{X - X_{\min}}{X_{\max} - X_{\min}} \tag{7.46}$$

输入样本数据，用 Levenberg-Marquardt 算法对神经网络进行训练，训练结果如图 7.16 所示。从图 7.16 可以看出，网络经过 12 次训练就达到了设定的目标误差。

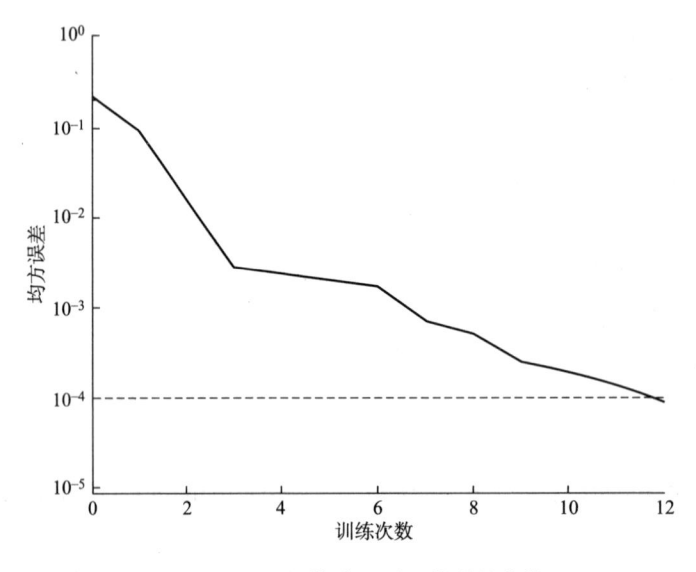

图 7.16 BP 网络建立过程的误差曲线

为验证 BP 神经网络预测的切削力的准确性，用单因素试验测得的 100 组试验样本的训练后，选用正交试验测得的 9 组试验样本用来验证，样本中的金刚石刀具切削石材的加工工艺参数作为 BP 神经网络的输入端，预测出切削力以后，将预测值与试验值进行对比，对比曲线如图 7.17 所示。

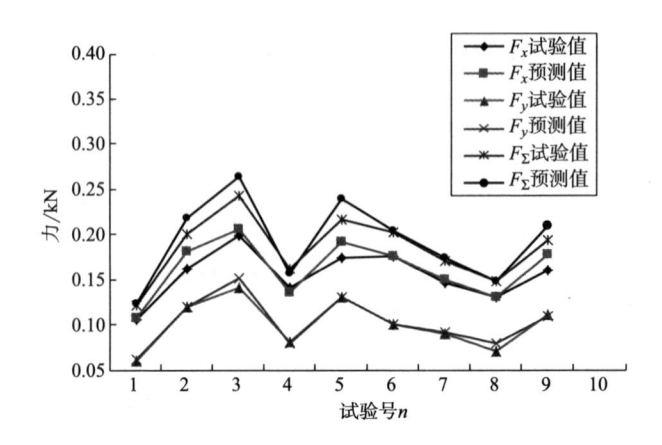

图 7.17 BP 神经网络预测值与试验值对比曲线图

由图 7.17 曲线可观察到，所预测出的铣削力数据与正交试验测得的数据基本达到一致，误差很小。BP 神经网络对金刚石刀具所受铣削力的预测值与试验值对比如表 7.11 所示。

表 7.11　BP 神经网络对铣削力的预测值与试验值比较分析

试验号	F_x/kN 试验值	BP 网络输出	相对误差 B/%	F_y/kN 试验值	BP 网络输出	相对误差 B/%	F_Σ/kN 试验值	BP 网络输出	相对误差 B/%
1	0.105	0.1079	2.6874	0.06	0.0617	2.8333	0.121	0.1238	2.3140
2	0.161	0.1805	11.9392	0.12	0.1195	0.4167	0.201	0.2179	8.4080
3	0.199	0.2052	3.3140	0.14	0.1505	7.4286	0.243	0.2634	8.3951
4	0.140	0.1351	3.3049	0.08	0.0784	1.8750	0.161	0.1563	2.9193
5	0.174	0.1916	10.2735	0.13	0.1302	0.1538	0.217	0.2385	9.9078
6	0.176	0.1761	0.3358	0.1	0.101	1.0000	0.202	0.2032	0.5941
7	0.145	0.149	2.4763	0.09	0.091	1.1111	0.171	0.1748	2.2222
8	0.130	0.1303	0.0762	0.07	0.0783	11.8571	0.148	0.1483	0.2027
9	0.160	0.1768	10.6307	0.11	0.1092	0.7273	0.194	0.2091	7.7404
平均误差 B/%		5.0042			3.7729			4.4705	

由表 7.11 中数据可以看出，BP 神经网络对铣削力在 x 方向的分力、在 y 方向的分力和铣削合力预测的平均误差分别为 5.0042%、3.7729%、4.4705%，F_x 的误差明显大于 F_y 和 F_Σ。由此可以看到，F_x 非线性成分要高于 F_y 和 F_Σ。

7.2.4.2　仿真结果分析

从上述几组对金刚石刀具切削力的预测值和试验值的对比可以看出，采用训练后的 BP 神经网络模型预测切削力得到的切削力波形曲线和实际测量获得的切削力波形曲线，不论在波形上还是在切削力的变化趋势上都表现得基本一致，预测的最大误差可以控制在 2% 以内。在此模型的基础上可通过输入不同的加工工艺参数预测切削力大小。本课题研究的 BP 神经网络方法是一种通用形式较好的切削力建模方法，对实际生产中刀具的切削力预测具有指导意义。

7.3 基于 RBF 神经网络的花岗岩加工切削力预测

7.3.1 RBF 神经网络的学习方法

在建立用于预测金刚石刀具所受切削力的 RBF 神经网络之前，首先需要了解 RBF 神经网络的特点及学习方法。RBF 神经网络最显著的特点是隐节点的基函数采用距离函数作为变量，使用径向基函数作为激活函数。输入模式离某个神经元中心点越远，该神经元的激活程度越低，这个特性常被称为"局部特性"。每个隐节点都有一个数据中心。

将 RBF 网络输出写成 $g(x) = w_0 + \sum_{p=1}^{K} w_p \varphi(\|x - c_p\|)$，假如 RBF 神经网络中隐单元的个数 K 已经确定，则决定网络性能的关键就是 K 个基函数中心的选取，其中 K-means 聚类算法被广泛应用。隐含层神经元个数 K 也可不事先确定，因为事先确定具有一定的盲目性，隐单元的个数理应由具体问题及所取得的样本状况而定，在最近邻聚类算法中就是这样，中心 $c(c_p)$ 就是由算法自动确定的。

为了确定权系数 w，一个简单的办法是在确定（c_p）之后求误差函数式（7.47）关于上下层中 $w = (w_1, w_2, \cdots, w_k)$ 的极小值。

$$E(w) = \frac{1}{2} \sum_{i=1}^{N} [y^i - g(x^i)]^2 \quad (7.47)$$

式中：N 表示训练样本的个数，用最小二乘算法或其他优化算法求得 w 的值。

网络径向基函数中心的确定方法不同，在设计 RBF 网络上有不同的学习策略，下面是三种基于插值理论的设计方法。

7.3.1.1 随机选取固定中心

如果训练数据是以当前问题的典型方式分布的，假设隐含层单元的激活函数是固定的径向基函数，即径向基函数宽度为一定值，中心位置用随机方式从训练数据集合中选取。对于径向基函数，可以使用一个各向同性的 GausS 函数，其标准偏差根据中心散布而确定。一个以 c_i 为中心的径向基函数定义为：

$$g(\|x - c_i\|^2) = \exp\left(-\frac{K}{d^2}\|x - c_i\|^2\right), \quad i = 1, 2, \cdots, K \quad (7.48)$$

式中：K 是中心的数目，其值通过试验确定。

设 $d_{\max}$ 是所选中心之间的最大距离。令 $\sigma = \dfrac{d_{\max}}{\sqrt{2K}}$，求 w，利用伪逆法：

$$w = G^+ y \tag{7.49}$$

$$G = \{g_{ji}\}, \quad g_{ji} = \exp\left(-\frac{K}{d^2}\|x_j - c_i\|^2\right), \quad j = 1, 2, \cdots, N, \quad i = 1, 2, \cdots, K \tag{7.50}$$

奇异值分解（SVD）：如果 $G \in R^{N \times K}$，则存在：

$$V = \{v_1, v_2, \cdots, v_K\}, \quad U = \{u_1, u_2, \cdots, u_N\} \tag{7.51}$$

使得：$U^T G V = \mathrm{diag}\{\sigma_1, \sigma_2, \cdots, \sigma_M\}$，$M = \min(K, N)$，其中 $\sigma_1 \geq \sigma_2 \geq \cdots \geq \sigma_M > 0$。

根据奇异值分解定理，G 的 $K \times N$ 阶伪逆定义为：

$$G^+ = V \sum\nolimits^+ U^T \tag{7.52}$$

其中，$\sum^+ = \mathrm{diag}(1/\sigma_1, 1/\sigma_2, \cdots, 1/\sigma_M, 0, \cdots, 0)$，这样便可以求出权值 w。

7.3.1.2 中心的自组织选择

该方法分为两个阶段。自组织学习阶段，为隐含层激活函数中心估计一个合适的位置；监督学习阶段：估计输出层权值，完成网络设计。

（1）自组织学习阶段。需要一个聚类算法，将数据点剖分成不同的部分，每一部分的数据尽量有相同的性质，这样的算法有 K-means 聚类算法（中心聚类算法）、最近邻聚类算法、减聚类算法等。

K-means 聚类算法，将径向基函数的中心放在输入空间 X 中重要数据点所在区域上。令 K 表示径向基函数数目，通过试验取得合适值。令 $\{c_k(n)\}_{k=1}^k$ 表示径向基函数在第 n 次迭代时的中心。K-means 聚类算法如下：

①初始化。从输入数据空间随机选择数据点作为中心初始值 $c_k(0)$。

②抽取样本。在输入空间 X 中抽取下一个样本向量 x，作为第 n 次迭代的输入向量。

③相似匹配。令 $k(x)$ 表示输入向量 x 的最佳匹配（竞争获胜）中心的下标值。第 n 次迭代时按欧几里得最小距离准则确定 $k(x)$ 的值：

$$k(x) = \mathrm{argmin}\|x(n) - c_k(n)\|, \quad k = 1, 2, \cdots, K \tag{7.53}$$

④更新。用下述规则调整径向基函数的中心：

$$c_k(n+1) = \begin{cases} c_k(n) + \eta[x(n) - c_k(n)], & k = k(x) \\ c_k(n), & \text{其他} \end{cases} \tag{7.54}$$

⑤继续。将 n 值加 1，回到第 2 步，重复上述步骤，直到中心 c 的改变量很小时为止。

（2）监督学习阶段。估计输出层的权值。

7.3.1.3 中心的监督选择

径向基函数中心以及其他所有自由参数均经历监督学习过程。通常采用误差修正学习过程，应用梯度下降法：

定义代价函数瞬时值：

$$\xi = \frac{1}{2} \sum_{j=1}^{N} e_j^2 \quad (7.55)$$

e_j 是误差信号，定义如下：

$$e_j = d_j - F(x_j) = d_j - \sum_{j=1}^{K} w_i g(\parallel x_j - c_i(n) \parallel) \quad (7.56)$$

自由参数的迭代过程如下：

$$\frac{\partial \varepsilon(n)}{\partial w_i(n)} = \sum_{j=1}^{N} e_j(n) g(\parallel x_j - c_i(n) \parallel) \quad (7.57)$$

$$w_i(n+1) = w_i(n) - \eta_1 \frac{\partial \varepsilon(n)}{\partial w_i(n)} \quad (7.58)$$

$$\frac{\partial \varepsilon(n)}{\partial c_i(n)} = 2w_i(n) \sum_{j=1}^{N} e_j(n) g(\parallel x_j - c_i(n) \parallel) \sum_i^{-1} [x_j - c_i(n)] \quad (7.59)$$

$$c_i(n+1) = c_i(n) - \eta_2 \frac{\partial \varepsilon(n)}{\partial c_i(n)}, i = 1, 2, \cdots, K \quad (7.60)$$

$$\frac{\partial \varepsilon(n)}{\partial \sum_i^{-1}(n)} = -w_i(n) \sum_{j=1}^{N} e_j(n) g(\parallel x_j - c_i(n) \parallel) Q_{ji}(n) \quad (7.61)$$

$$Q_{ji}(n) = [x_j - c_i(n)][x_j - c_i(n)]^T \quad (7.62)$$

$$\sum_i^{-1}(n+1) = \sum_i^{-1}(n) - \eta_3 \frac{\partial \varepsilon(n)}{\partial \sum_i^{-1}(n)} \quad (7.63)$$

直到代价函数值达到最小。

7.3.2 RBF 神经网络模型的 MATLAB 程序设计

MATLAB 的神经网络工具箱为 RBF 网络提供了很多工具箱函数。通过调用部分 MATLAB 工具箱中的函数就可以建立神经网络模型，再用数据对网络进行训练。

切削力预测 RBF 神经网络模型程序说明：

（1）定义输入数据。

$n = [n_1 n_2 n_3 \cdots\cdots n_{100}]$；

第 7 章　基于神经网络花岗岩加工切削力预测

$v_\omega = [v_{\omega 1}\, v_{\omega 2}\, v_{\omega 3} \cdots\cdots v_{w100}]$；
$a_p = [a_{p1}\, a_{p2}\, a_{p3} \cdots\cdots a_{p100}]$；
$F_x = [F_{x1}\, F_{x2}\, F_{x3} \cdots\cdots F_{x100}]$；
$F_y = [F_{y1}\, F_{y2}\, F_{y3} \cdots\cdots F_{y100}]$；
$F_\Sigma = [F_{\Sigma 1}\, F_{\Sigma 2}\, F_{\Sigma 3} \cdots\cdots F_{\Sigma 100}]$。

（2）输入数据的归一化。

$[p, pts] = \mathrm{mapminmax}(\mathrm{input}, 0.1, 0.9)$；
$[t, tts] = \mathrm{mapminmax}(\mathrm{output}, 0.1, 0.9)$。

（3）建立神经网络。

$net = \mathrm{newrb}(p\_data, t\_data, 0, 5, 20, 5)$。

（4）仿真输出。

$yi = \mathrm{sim}(net, p)$。

（5）输出数据的反归一化。

$y_{i1} = \mathrm{mapminmax}(\mathit{'reverse'}, yi, tts)$；
$y_{n1} = \mathrm{mapminmax}(\mathit{'reverse'}, t, tts)$。

7.3.3　RBF 神经网络对金刚石刀具切削力预测的性能测试

（1）切削力预测 RBF 神经网络的训练样本及网络训练。在本研究中，训练样本依然选用单因素试验测得的 100 组样本；选用正交试验测得的 9 组试验样本作为校验数据来检验 RBF 神经网络的精度。

作者用 newrb 创建 RBF 网络预测金刚石切削力是一个不断尝试的过程，在创建过程中，不断增加中间层神经元的个数，直到网络的输出误差满足预先制定的值为止。

$$net = \mathrm{newrb}(p\_data, t\_data, 0, 5, 20, 5)$$

通过上述代码，创建了一个目标误差为 0、径向基函数分布密度为 5、中间层神经元个数最大值为 20、显示间隔为 5 的 RBF 神经网络。

代码运行结果如图 7.18 所示。

```
NEWRB, neurons = 0, MSE = 0.0617055
NEWRB, neurons = 5, MSE = 0.000259468
```

图 7.18　RBF 神经网络代码运行结果

▶ 花岗岩加工机理及加工效能研究

由此运行情况可知，当中间层神经元个数增至 5 时，网络输出误差 SSE 已经很小了，误差曲线如图 7.19 所示。

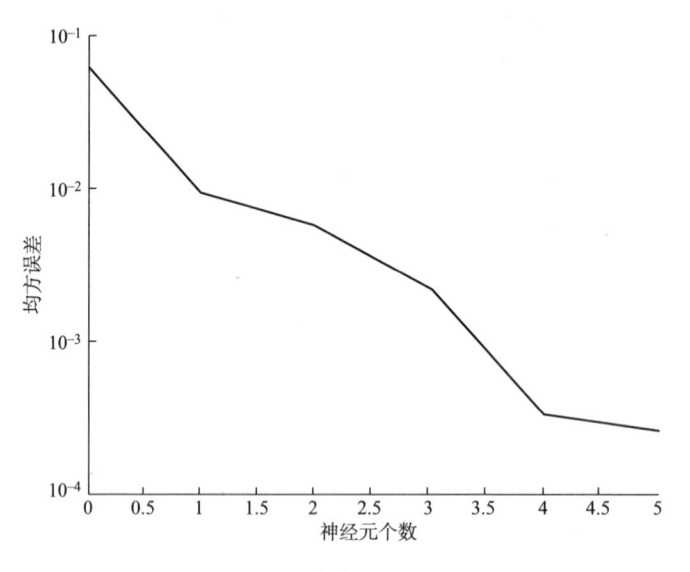

图 7.19 RBF 网络建立过程的误差曲线

（2）RBF 神经网络的仿真。同 BP 神经网络预测一样，为验证建立的 RBF 神经网络预测的切削力是否准确，经过 100 组试验样本的训练后，选用正交试验测得的 9 组试验样本用来验证，将 9 组正交试验样本中的金刚石刀具切削石材的加工工艺参数作为 RBF 神经网络的输入端，待输出端预测出切削力以后，将预测值与试验值进行对比，对比曲线如图 7.20 所示。

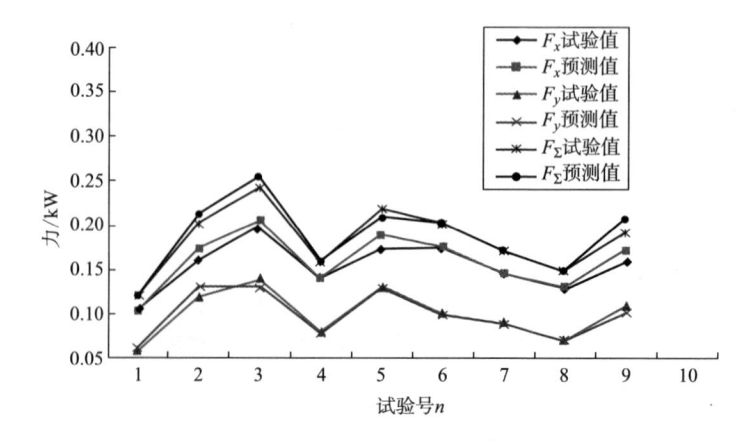

图 7.20 RBF 神经网络预测值与试验值对比曲线图

RBF 神经网络的预测分析见表 7.12。平均误差即为相对误差取绝对值后的平均值,公式为:$B = [(预测值-试验值)/试验值] \times 100\%$。

表 7.12 RBF 神经网络对切削力的预测值与试验值的对比分析

试验号	F_x/kN 试验值	F_x/kN RBF 网络输出	F_x/kN 相对误差 B/%	F_y/kN 试验值	F_y/kN RBF 网络输出	F_y/kN 相对误差 B/%	F_Σ/kN 试验值	F_Σ/kN RBF 网络输出	F_Σ/kN 相对误差 B/%
1	0.105	0.1051	0.0725	0.06	0.0623	3.8333	0.121	0.1208	0.1653
2	0.161	0.1738	7.7841	0.12	0.1304	8.6667	0.201	0.2143	6.6169
3	0.199	0.205	3.2133	0.14	0.1318	5.8571	0.243	0.2532	4.1975
4	0.140	0.1387	0.7283	0.08	0.0805	0.6250	0.161	0.1602	0.4969
5	0.174	0.1924	10.734	0.13	0.1291	0.6923	0.217	0.2094	3.5000
6	0.176	0.1763	0.4497	0.10	0.0995	0.5000	0.202	0.2028	0.3960
7	0.145	0.1451	0.2059	0.09	0.0896	0.4444	0.171	0.171	0.0000
8	0.130	0.1313	0.6907	0.07	0.0695	0.7143	0.148	0.1488	0.5405
9	0.160	0.1743	8.9313	0.11	0.1032	6.1818	0.194	0.2073	6.8750
平均误差 B/%		3.6455			3.0572			2.5173	

由表 7.12 中数据可以看出,RBF 神经网络对切削力在 x 方向的分力、在 y 方向的分力和切削力合力预测的平均误差分别为 3.6455%、3.0572%、2.5173%。预测精度高于 BP 神经网络对金刚石刀具切削力的预测精度。与 BP 神经网络一样,F_x 的误差大于 F_y 和 F_Σ。由此可知,F_x 非线性成分要高于 F_y 和 F_Σ。

7.4 两种模型对切削力预测的对比分析

以上是对 40/50 目金刚石刀具加工花岗岩切削力预测的 BP 和 RBF 神经网络模型。为了优选预测模型,分别利用两种模型对相应工况的实际切削力进行预测,并与试验数据进行对比,表 7.13~表 7.15 分别列出了 F_x、F_y、F_Σ 的实际测量值与两种神经网络对金刚石刀具加工花岗岩切削力的预测值。

从表 7.13~表 7.15 中不难看出,对应 9 组试验样本,这两种神经网络对三个力的预测平均误差均低于6%，证明所建立的这两套神经网络模型都具有一定的实用价值。同时，也可以看出所建立的RBF网络模型对切削力的预测结果更加稳定，对三个力预测的平均误差值也更低，所以，RBF网络在对金刚石刀具加工花岗岩切削力的预测中更具有适用性。

表7.13　F_x分力的预测值与试验值对比分析表

试验号	试验值/kN	BP网络输出/kN	RBF网络输出/kN	BP网络相对误差/%	RBF网络相对误差/%	BP网络平均误差/%	RBF网络平均误差/%
1	0.105	0.1079	0.1051	2.6874	0.0725	5.0042	3.6455
2	0.161	0.1805	0.1738	11.9392	7.7841		
3	0.199	0.2052	0.205	3.3140	3.2133		
4	0.140	0.1351	0.1387	3.3049	0.7283		
5	0.174	0.1916	0.1924	10.2735	10.7339		
6	0.176	0.1761	0.1763	0.3358	0.4497		
7	0.145	0.149	0.1451	2.4763	0.2059		
8	0.130	0.1303	0.1313	0.0762	0.6907		
9	0.160	0.1768	0.1743	10.6307	8.9313		

表7.14　F_y分力的预测值与试验值对比分析表

试验号	试验值/kN	BP网络输出/kN	RBF网络输出/kN	BP网络相对误差/%	RBF网络相对误差/%	BP网络平均误差/%	RBF网络平均误差/%
1	0.06	0.0617	0.0623	2.8333	3.8333	3.7729	3.0572
2	0.12	0.1195	0.1304	0.4167	8.6667		
3	0.14	0.1505	0.1318	7.4286	5.8571		
4	0.08	0.0784	0.0805	1.8750	0.6250		
5	0.13	0.1302	0.1291	0.1538	0.6923		
6	0.1	0.101	0.0995	1.0000	0.5000		
7	0.09	0.091	0.0896	1.1111	0.4444		
8	0.07	0.0783	0.0695	11.8571	0.7143		
9	0.11	0.1092	0.1032	0.7273	6.1818		

第7章 基于神经网络花岗岩加工切削力预测

表 7.15 F_Σ 合力的预测值与试验值对比分析表

试验号	试验值/kN	BP网络输出/kN	RBF网络输出/kN	BP网络相对误差/%	RBF网络相对误差/%	BP网络平均误差/%	RBF网络平均误差/%
1	0.121	0.1238	0.1208	2.3140	0.1653		
2	0.201	0.2179	0.2143	8.4080	6.6169		
3	0.243	0.2634	0.2532	8.3951	4.1975		
4	0.161	0.1563	0.1602	2.9193	0.4969		
5	0.217	0.2385	0.2094	9.9078	3.5000	4.4205	2.5173
6	0.202	0.2032	0.2028	0.5941	0.3960		
7	0.171	0.1748	0.1719	2.2222	0.0053		
8	0.148	0.1483	0.1488	0.2027	0.5405		
9	0.194	0.2091	0.2073	7.7404	6.8750		

根据试验工况计算出理论值、试验值和两种神经网络的预测值,并对两种神经网络预测值、理论值与试验数据进行了误差对比,误差结果如表 7.16 所示。图 7.21 所示为试验值、理论值和预测值的四种数据对比曲线图。结果表明,RBF 神经网络预测的切削力误差最小,理论值与试验值之间的误差略大于神经网络预测的误差。分析其原因主要是在理论公式的计算中有些参数是根据其取值的范围确定,由此产生一定的偏差。在实际的工程应用中,可利用理论计算公式或 RBF 神经网络进行单独的切削力预测,或利用理论计算公式与 RBF 神经网络的预测进行综合评判,为实际的花岗岩加工提供工艺参数选择的依据。

表 7.16 F_Σ 合力的试验值、理论值和预测值的对比分析表

序号	试验值/kN	理论值/kN	BP网络预测值/kN	RBF网络预测值/kN
1	0.121	0.138	0.1238	0.1208
2	0.201	0.181	0.2179	0.2143
3	0.243	0.223	0.2634	0.2532
4	0.161	0.184	0.1563	0.1602
5	0.217	0.196	0.2385	0.2385
6	0.202	0.210	0.2032	0.2028
7	0.171	0.169	0.1748	0.1719
8	0.148	0.138	0.1483	0.1488
9	0.194	0.176	0.2091	0.2073
平均误差/%	—	8.5954	4.4205	2.5173

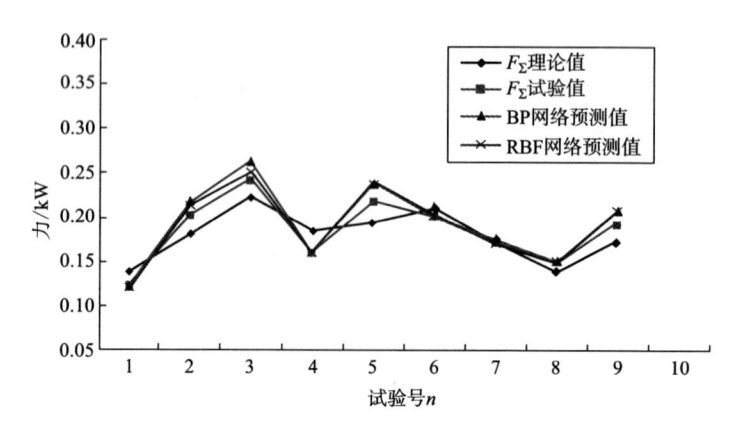

图 7.21 F_Σ 合力的理论值、试验值和预测值的对比曲线图

参考文献

[1] 赵民. 石材加工装备及工艺 [M]. 北京：机械工业出版社，2004.

[2] 高玉飞，杨阳. 石材的机械加工 [M]. 北京：化学工业出版社，2013.

[3] 陈日曜. 金属切削原理 [M]. 北京：机械工业出版社，2005.

[4] 任敬心，康仁科，史兴宽. 难加工材料的磨削 [M]. 北京：国防工业出版社，1999.

[5] Balci C, Bilgin N. Correlative study of linear small and full-scale rock cutting tests to select mechanized excavation machines [J]. International Journal of Rock Mechanics and Mining Sciences, 2007, 44 (3): 468-476.

[6] 戴增惠. 岩石切削的试验研究 [J]. 矿山机械，1986 (3)：36-38.

[7] 王成勇，刘培德，胡荣生，等. 岩石切削力研究 [J]. 大连理工大学学报，1991 (1)：53-59.

[8] Liu S, Du C, Cui X. Research on the cutting force of a pick [J]. Mining Science and Technology (China), 2009, 19 (4): 514-517.

[9] Su O, Aliakcin N. Numerical simulation of rock cutting using the discrete element method [J]. Internatio-nal Journal of Rock Mechanics and Mining Sciences, 2011, 48 (3): 434-442.

[10] Yilmaz N G, Yurdakul M, Goktan R M. Prediction of radial bit cutting force in high-strength rocks using multiple linear regression analysis [J]. International Journal of Rock Mechanics and Mining Sciences, 2007, 44 (6): 962-970.

[11] Tiryaki B, Boabd J N, Li X S. Empirical models to predict mean cutting forces on point-attack pick cutte-rs [J]. International Journal of Rock Mechanics and Mining Sciences, 2010, 47 (5): 858-864.

[12] 薛静，夏毅敏，周易，等. 盘形滚刀切削单因素对切削力影响的研究 [J]. 现代制造工程，2012 (9)：4-8，66.

[13] AllIngton A V. The machining of rock materials [D]. Newcastle: University of Newcastle Upon Tyne, 1969.

[14] Bilgin N. Investigations into the mechanical cutting characteristics of some medium

and high strength rocks [D]. Newcastle: University of Newcastle Upon Tyne, 1977.

[15] Ranman K E. A model describing rock cutting with conical picks [J]. Rock Mechanics and Rock Enginee-ring, 1985, 18 (2): 131-140.

[16] 刘培德. 切削力学新篇 [M]. 大连：大连理工大学出版社, 1991.

[17] 郑善良. 磨削基础 [M]. 上海：上海科技出版社, 1988.

[18] 李伯民, 赵波, 等. 实用磨削技术 [M]. 北京：机械工业出版社, 1996.

[19] 任敬心, 华定安. 磨削原理 [M]. 西安：西北工业大学出版社, 1988.

[20] 康善存. 硬脆材料的精密切割与发展趋势 [J]. 制造技术与机床, 1997 (7): 46.

[21] 李世愚, 和泰名, 尹祥础. 岩石断裂力学导论 [M]. 合肥：中国科学技术大学出版社, 2010.

[22] 李贺, 等. 岩石断裂力学 [M]. 重庆：重庆大学出版社, 1988.

[23] Brian Lawn. 脆性固体断裂力学 [M]. 北京：高等教育出版社, 2010.

[24] 敖建章. 异形单牙轮钻头齿形设计及破岩效率分析 [D]. 成都：西南石油大学, 2014.

[25] 高瞻. 月面采样钻具回转冲击作用研究 [D]. 哈尔滨：哈尔滨工业大学, 2013.

[26] 高玮. 岩石力学 [M]. 北京：北京大学出版社, 2010.

[27] 欧阳义平. 岩石疏浚用刀齿的切削机理研究 [D]. 上海：上海交通大学, 2013.

[28] Brian Lawn. 脆性固体断裂力学 [M]. 北京：高等教育出版社, 2010.

[29] 周家文, 徐卫亚, 石崇. 基于破坏准则的岩石压剪断裂判据研究 [J]. 岩石力学与工程学报, 2007 (6): 1194-1200.

[30] Evans I. A theory of the picks cutti-ng force for point-attack [J]. International Journal of Mining Engineer-ing, 1984, 2 (1): 63-71.

[31] Nihimastu Y. The mechanics of rock cutting [J]. International Journal of Rock Mechanics Mining Sciences, 1972, 9 (2): 261-270.

[32] Goktan R M. A suggested improvement on Evans'cutting theory for conical bits [C] //Proceeding of fourth symposium on mine mechanization Automation, 1997, 1: 57-61.

[33] Roxborough F F, Liu Z C. Theoretical considerations on pick shape in rock and coal cutting [C] //Proceeding of the Sixth Underground, 1995: 189-193.

[34] 欧阳义平，杨启．圆锥齿切削破岩的切削力估算［J］．上海交通大学学报，2016（1）：35-40，46．

[35] 方恩权，蔡永昌，朱合华．单轴压缩岩石不同边界裂纹扩展数值模拟研究［J］．地下空间与工程学报，2009（2）：100-104．

[36] 王泽鹏．ANSYS13.0/LS-DYNA 非线性有限元分析实例指导教程［M］．北京：机械工业出版社，2011．

[37] 李裕春，时党勇，赵远．LS-DYNA 基础理论与工程实践［M］．北京：中国水利水电出版社，2006．

[38] 刘伟，邓朝晖，万林林，等．单颗金刚石磨粒切削氮化硅陶瓷仿真与试验研究［J］．机械工程学报，2015（21）：191-198．

[39] 陈星明，刘彤，肖正学．混凝土 HJC 模型抗侵彻参数敏感性数值模拟研究［J］．高压物理学报，2012（3）：313-318．

[40] 郑加强．截齿工作角度布置及水射流辅助截割头破岩研究［D］．徐州：中国矿业大学，2015．

[41] 蔡红亮．动能弹对混凝土靶侵彻规律研究［D］．南京：南京理工大学，2006．

[42] 何仁清．锥形 PDC 齿破岩过程的数值模拟研究［D］．青岛：中国石油大学（华东），2014．

[43] 高扬．基于 ANSYS 的圆锯片切削过程三维仿真研究［D］．天津：河北工业大学，2013．

[44] Hui Y, Guang Y. A dynamic material model for rock materials under Conditions of high confining pressures and high strain rates［J］. International Journal of Impact Engineering, 2016（89）: 38-48.

[45] Polanco L M, Hopperstad O, Bvik T, et al. Numerical predictions of ballistic limits for concretes-labs using a modified version of the HJC concrete model［J］. International Journal of Impact Engineering, 2008, 35（5）: 290-303.

[46] Park S, Xia Q, Zhou M. Dynamic behavior of concrete at high strain rates and pressures［J］. International Journal of Impact Engineering, 2001, 25（9）: 887-910.

[47] 陈勇平．平面磨削力建模及其应用研究［D］．长沙：中南大学，2007．

[48] 刘志新．高速铣削过程动力学建模及其物理仿真研究［D］．天津：天津大学，2006．

[49] 杨金强．盘形滚刀受力分析及切割岩石数值模拟研究［D］．北京：华北电力

大学，2007.

[50] Polini W, Turchetta S. Monitoring of diamond disk wear in stone cutting by means of force or acceleration sensors [J]. Int. J. Adv. Manuf. Technol, 2007 (35): 454-567.

[51] Özçelik Y. Development of a single diamond bead test machine for marble cutting [J]. Industrial Diamond Review, 2008, 1: 56-62.

[52] 冯冬菊，赵福令，徐占国，等. 超声波铣削加工材料去除率的理论模型 [J]. 中国机械工程，2006 (7): 1399-1403.

[53] Ghani A K, Choudhury I A. Husni. Study of tool life, surface roughness and vibration in machning nodular cast iron with ceramic tool [J]. J. Mater Process Technol, 2002, 127: 17-22.

[54] 胡云华. 高应力下花岗岩力学特性实验及本构模型研究 [D]. 武汉：中国科学院武汉分院，2008.

[55] 关砚聪，姚德明，郑敏利. 金刚石砂轮加工花岗岩时切削力的正交实验及参数优化 [J]. 金刚石与磨料磨具工程，2009 (4): 53-56.

[56] 刘晓志，陶华，李茂伟. 基于改进遗传算法的钛合金TC18铣削参数优化 [J]. 设计与研究，2010 (5): 41-43.

[57] 胡胜利，钱旭，钟峰. 基于遗传算法和人工神经网络的煤层厚度预测 [J]. 中国煤炭. 2010 (2): 69-71, 76.

[58] 朱川曲，王卫军，陈良棚. 基于神经网络的放煤巷道支护方案优选 [J]. 岩石力学与工程学报. 2002 (10): 1483-1486.

[59] 黄瑶，孙宪萍，王雷刚. 基于BP神经网络的挤压模具磨损预测 [J]. 塑性工程学报，2006, 13 (2): 64-66.

[60] 唐东红，孙厚芳，王洪艳. 用BP神经网络预测数控铣削变形 [J]. 制造技术与机床，2007 (8): 49-50.

[61] 杨勇强，何勇，刘雪峰. 无模拉拔过程中金属线材直径的BP神经网络预测模型 [J]. 塑性工程学报，2008, 15 (1): 118-122.

[62] 闻新，周露，李翔，等. MATLAB神经网络仿真与应用 [M]. 北京：科学出版社，2003.

[63] Chiang, Jung-Hsien. A hybrid neural network model in hand written word recognition [J]. Neural Networks, 1998, 11: 337-346.

[64] Korczak P, Dyja H, Labda E. Using neural network models for predicting mechanical properties after hot plate rolling process [J]. J. Mater Process Tech., 1998,

80-81：481-486.

[65] Shishir Bashyal. Classification of psychiatric disorders using artificial neural network [J]. Lecture Notes in Computer Science, 2005, 34 (9)：386-394.

[66] Alireza Givehchi, Gisbert Schneider. Impact of descriptor vector scaling on the classification of drugs and nondrugs with artificial neural networks [J]. Journal of Molecular Modeling, 2004, 10 (3)：204-211.

[67] Yuansheng, Huang, Yufang, Lin. Freight prediction based on BP neural network improved by chaos artificial fish-swarm algorithm [J]. Proceedings-International Conference on Computer Science and Software Engineering, 2008, 5：1287-1290.

[68] Qiu Jun-Na, Xu Xiao-Hang. An algorithm of data fusion based on improved BP natural network [J]. Proceedings-International Conference on Computer Science and Software Engineering, 2008, 1：581-583.

[69] 高英杰，王海芳，董国江，等. MATLAB 神经网络工具箱在系统辨识中的应用 [J]. 液压气动与密封，2001 (5)：34-36.

[70] 桂现才. BP 神经网络在 MATLAB 上的实现与应用 [J]. 湛江师范学院学报，2004, 25 (3)：79-83.

[71] 陈伟，马如雄，郝艳红. 基于 MATLAB 的 BP 人工神经网络设计 [J]. 电脑学习，2005 (4)：30-31.

[72] 陈玉红. RBF 网络在时间序列预测中的应用研究 [D]. 哈尔滨：哈尔滨工程大学，2009.

[73] 黄喆. 基于 RBF 神经网络的上证指数预测研究 [D]. 合肥：中国科学技术大学，2009.

[74] 伍长荣. 基于 RBF 神经网络的多因素时间序列预测模型研究 [D]. 合肥：合肥工业大学，2004.

[75] 智会强，牛坤，田亮，等. BP 网络和 RBF 网络在函数逼近领域内的比较研究 [J]. 科技通报，2005, 21 (2)：193-197.

[76] Zheng P, Li J Y. Application of BP NN and RBF NN in modeling activated sludge-system [J]. Transactions of Tianjin University, 2003, 9 (3)：235-240.

[77] 储岳中. 改进的 RBF 神经网络在非线性系统中的应用 [J]. 计算机技术与发展，2008, 3 (8)：196-199.

[78] 李红利，张晓彤，兰立柱，等. 基于遗传算法的 RBF 神经网络的优化设计方法 [J]. 计算机仿真，2003, 20 (11)：67-69.

[79] 张正梅. 花岗石异型面加工技术与工具磨破损实验研究 [D]. 济南：山东大学，2006.
[80] 谈耀麟. 金刚石锯片锯切石材过程中的磨损分析 [J]. 超硬材料工程，2006 (8)：13-15.
[81] 许立福，崔大鹏，黄树涛. 高速铣削铸铝的切削力实验研究 [J]. 工具技术，2009 (5)：12-15.
[82] 高宏. 力切削加工过程中刀具磨损的智能监测技术研究 [D]. 西安：西安交通大学，2005.
[83] 苌浩，何宁，满忠雷. TC4 的铣削加工中铣削力和刀具磨损研究 [J]. 航空精密制造技术，2003 (3)：30-33.